陈立红 / 著

中华工商联合出版社

图书在版编目（CIP）数据

反焦虑心理学 / 陈立红著. -- 北京：中华工商联合出版社, 2024. 11. -- ISBN 978-7-5158-4141-0

Ⅰ. B842.6-49

中国国家版本馆 CIP 数据核字第 2024DB6460 号

反焦虑心理学

作　　者：陈立红
出 品 人：刘　刚
责任编辑：吴建新　林　立
装帧设计：荆棘设计
责任审读：郭敬梅
责任印制：陈德松
出版发行：中华工商联合出版社有限责任公司
印　　刷：三河市众誉天成印务有限公司
版　　次：2024 年 11 月第 1 版
印　　次：2024 年 11 月第 1 次印刷
开　　本：710mm×1000mm　1/16
字　　数：139 千字
印　　张：9
书　　号：ISBN 978-7-5158-4141-0
定　　价：68.00 元

服务热线：010—58301130—0（前台）
销售热线：010—58302977（网店部）
　　　　　010—58302166（门店部）
　　　　　010—58302837（馆配部、新媒体部）
　　　　　010—58302813（团购部）
地址邮编：北京市西城区西环广场 A 座
　　　　　19—20 层，100044
http://www.chgslcbs.cn
投稿热线：010—58302907（总编室）
投稿邮箱：1621239583@qq.com

工商联版图书
版权所有　侵权必究

凡本社图书出现印装质量问题，请与印务部联系。
联系电话：010—58302915

前 言
PREFACE

在这个工作与生活节奏日益加快的时代，焦虑似乎成了我们生活中难以回避的一部分。仔细回想，不难发现，焦虑时常潜伏在我们的日常生活中。无论是职场上的竞争与挑战，人际关系的微妙与复杂，还是个人成长过程中的迷茫与不安，焦虑如影随形，时刻考验着我们的心态与智慧。它能为一件小事笼罩上一层厚重的阴影，也能将我们的担忧无限放大。而当焦虑过度时，它不仅会令我们烦躁不安，还可能透支我们的身心健康。

正如一位心理学家所言："恐惧与焦虑，是足以将你牢牢束缚的情绪。若处理不当，它们便会愈发强大，让你的世界日渐狭隘。"焦虑、纠结、犹豫、自责……这些无形的情绪正在悄无声息地侵蚀着无数人的生活。因此，我认为"反焦虑"是许多普通人亟须修补的一门重要课程。

《反焦虑心理学》正是基于这样的认知而诞生的。本书旨在通过深入浅出的心理学分析，引导读者正确认识焦虑，理解其产生的根源，并学会如何与之和平共处，甚至从中汲取力量。我们相信，焦虑并不可怕，真正可怕的是我们害怕直面焦虑的心态。只有当我们勇于面对焦虑，才能找到克服它的方法，进而实现心灵的自由与成长。

在本书中，我们将从自我认知、人际、职场、生活、情感等多个维度出发，探讨焦虑的多种表现形式及其背后的心理机制。通过丰富的案例分析和实用的应对策略，力求帮助读者撕掉焦虑的标签，找到真实的自我，学会接纳并转化焦虑情绪，从而过上更加平和、快乐的生活。

同时，我们也强调，反焦虑并非一味地逃避或压抑焦虑情绪，而是要学会与之共存，并从中发现生活的美好与意义。正如哲学家爱比克泰德所言："真正妨碍你的不是事情本身，而是你对事情的看法。"改变对焦虑的看法，就是改变生活的第一步。

《反焦虑心理学》不仅是一本心理学普及读物，更是一本心灵的疗愈手册。我们希望每一位翻开这本书的读者，都能在这里找到属于自己的那份宁静与力量，学会以更加平和的心态面对生活中的挑战与不确定性。

总之，面对焦虑时，我们每个人都要学会"自救"，学会反焦虑，不要让外界打乱你的节奏，调整好心态，学会好好爱自己，别把自己逼进死胡同里。愿我们都能成为自己心灵的守护者，勇敢地走出焦虑的阴霾，迎接更加美好的明天，享受更加美好的生活。

目 录
CONTENTS

第1章
给焦虑扫码,了解让人烦躁的焦虑情绪

焦虑是很值得关注的普遍现象 / 2

了解焦虑症及其表现 / 4

常见的焦虑情绪 / 6

焦虑的高发人群 / 8

什么是入职焦虑症? / 10

焦虑的八大表现 / 12

辩证认知,适度的焦虑具有积极作用 / 13

★测一测:你焦虑吗? / 14

第2章
心理学家的理论:关于焦虑的主要流派观点

精神分析学派:弗洛伊德、霍妮 / 18

行为主义学派:华生、斯金纳 / 19

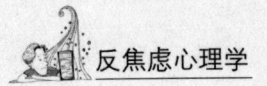

认知学派：埃利斯、贝克 / 20

人本主义学派：马斯洛、罗杰斯 / 21

★测一测：你会控制情绪吗？ / 22

第3章
你若偏于负面思维，焦虑心理就会伤害你于无形

导致焦虑内耗的思维陷阱 / 24

过度紧张焦虑有损健康 / 26

不要钻进非此即彼的套子里 / 27

别总从坏的一面看问题 / 29

美景到处都有，在于你如何感知 / 31

★测一测：你的情绪是否稳定？ / 32

第4章
与其抱怨不如改变，没摘到花朵依然可以拥有春天

与其抱怨，不如改变 / 36

失意时，请不要让自己变形 / 38

给心灵放个假，重新整顿自己的情绪行囊 / 40

心存希望，就能配得上世上一切美好 / 41

抱怨是传播霉运的病毒 / 44

★测一测：你会迅速转变糟糕情绪的小技巧吗？ / 46

第5章
拥抱不完美，在真实的自我中感受美好

因为不完美，才有了否极泰来的感动 / 50

驱除自我否定的负面情绪 / 52

自卑是悲剧产生的根源 / 54

你不了解自己，拿什么谈改变 / 56

不必自暴自弃，缺陷是因为老天嫉妒你的美好 / 58

★测一测：你有自卑心理吗？ / 60

第6章
不是世间太喧嚣，而是你内心太浮躁

容颜的宿敌，除了岁月外，还有焦虑 / 64

用忙碌将焦虑从心中删除 / 65

为琐事牵肠挂肚，是因为你没经历过大事 / 67

虽有焦虑，但无困境 / 69

★测一测：那些年我们对情绪的错误解读 / 70

第7章
做内心强大的自己，在不安的世界里给自己安全感

你要对自己的恐惧负全责 / 74

不要让绝望横在思路中 / 76

每个人都有一对闪闪发光的翅膀 / 78

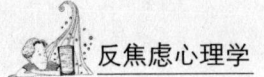

恐惧不过是自己在吓自己 / 80

★测一测：你最害怕什么？ / 82

第8章
扛住压力，全世界都是你的配角

弱者被侮辱压垮，强者会让侮辱成为奖章 / 86

你不可能取悦所有人 / 87

努力是击败压力的最佳方式 / 88

扛住压力是蜕变成蝶的过程 / 90

那些让你不满意的结果，有时只是未完待续 / 92

★测一测：缓解压力的情绪调节法 / 93

第9章
少一些焦虑悲伤的眼泪，多一分鲜活的心情

生活中难免有痛苦，要找个合适的方式去调节 / 96

心里有些伤口，要学会包扎止痛 / 97

微笑面对痛苦，坦然面对不幸 / 99

学会把苦难转化为生活中的意义 / 100

★测一测：你把悲伤藏在哪儿了？ / 102

第10章
驾驭好情绪，让情爱生如夏花

把脾气调成静音模式，不动声色地过好生活 / 108

焦虑型依恋是扭曲的爱情观 / 110

巧妙化解恋爱纠纷 / 112

攀比不过是一场自我贬低 / 115

在婚姻里，不要忘记给对方点赞 / 117

★测一测：面对感情冲突，你是哪种人？ / 119

第11章
为心灵排毒，学会排解焦虑的心情

焦虑症的自我预防 / 124

学会缓解与松弛焦虑 / 125

食物可以缓解焦虑 / 127

找回自信，克服焦虑 / 128

四步法控制焦虑 / 129

★测一测：摆脱完美主义的策略和实用方法 / 131

第1章

给焦虑扫码，
了解让人烦躁的焦虑情绪

很多人认为，焦虑已经是继抑郁之后，又一遍布人们生活的"心理感冒"。焦虑的可怕源于它的无影无踪，它好像随时都围绕在我们的周边，会因为发生在身边的某些事、某个心理变化而爆发出来。

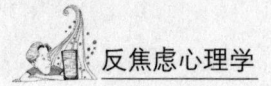

焦虑是很值得关注的普遍现象

随着现代生活节奏的加快,很多人不由得感到压力越来越大。近几年来,"焦虑"这个词已成为热门话题。

所谓焦虑,是指对亲人或自己的生活、生命、前途命运等过度担心而产生的一种烦躁情绪,其中包含着急、紧张、恐慌、不安等成分。这种情绪通常与危急情况以及难以预测、难以应对的事件有关。

有些人并无客观原因却长期处于焦虑状态,常常无缘无故地害怕大祸临头,担心自己患有不可救治的严重疾病,以致出现坐卧不宁、惶惶不安等心理状态。这种异常焦虑是精神疾病的一种表现。

焦虑已成为当今生活中一个普遍的社会现象,其影响范围广泛,是一个全球性问题。许多人发现自己正逐渐被焦虑的"辐射圈"所吸引,从边缘地带逐渐滑向中心。国际知名广告公司"智威汤逊"曾对全球27个国家及地区的消费者进行了一项调查,结果显示,平均有71%的人处于焦虑状态。值得注意的是,不同国家人们的焦虑程度存在显著差异,其中美国为76%,日本高达83%,韩国为78%,俄罗斯为68%,而中国则为57%。此外,《人民论坛》杂志的一项调查也发现,超过六成的人认为自己的焦虑程度较深,且有81%的人认为焦虑情绪具有传染性。

在精神分析学领域,弗洛伊德在其著作《抑制、症状与焦虑》中将焦虑划分为三种类型:现实焦虑、道德焦虑和神经性焦虑。这三种焦虑类型源于个体内心"本我(Id)""自我(Ego)"和

> 现实性焦虑是人类适应和解决问题的基本情绪反应,是人类在进化过程中形成的一种适应和应对环境的一种情绪和行为反应方式。

"超我（Superego）"之间的冲突与矛盾。这一理论为我们理解焦虑的本质提供了深刻的心理学依据。

（1）现实焦虑，其根源在于自我认知与现实情境之间的冲突。这种焦虑是对现实世界中潜在挑战或威胁的一种自然情绪反应，其强度与现实威胁的严重程度紧密相连，且随着威胁的消失而逐渐消散。当个体预感到现实环境存在危险时，现实焦虑便会产生，作为一种预警和应激机制，提醒我们关注当前事件，并在一定程度上激发我们的行动力以应对挑战。

（2）道德焦虑，源自于自我与内心道德感、良心的冲突。当我们的思想或行为违背道德准则时，内心会陷入纠结和焦虑之中。这种焦虑实际上是一种指导力量，促使我们的行为遵循内心的道德感。例如，当发现好友作弊时，道德感可能促使我们举报，但作为朋友又可能想包庇，这种两难境地会引发我们持续的道德焦虑。

（3）神经性焦虑，其根源在于自我与潜意识中欲望与恐惧的冲突。在日常生活中，我们可能并未意识到某些欲望的存在，甚至刻意压抑和忽略它们。然而，一旦接触到与这些欲望相关的事物，内心的欲望便会被触发，从而产生巨大的焦虑感。此时，我们可能并不清楚自己到底在焦虑什么，这就是通常所说的"莫名"烦躁和焦虑。

一般来说，人体的健康包括两个方面：一个是生理健康，另一个是心理健康。二者相辅相成，彼此影响。但在实际生活中，人们往往只注重生理健康，而忽视心理健康。其实，心理的问题是"负能量"的源头，正如焦虑症一样，它会像病菌一样侵扰人的机体，迷乱人的心智，摧残人的心灵。所以我们必须学会正视、克服与摆脱。

只有当我们同时关注并维护好生理与心理健康，才能真正实现全面的健康，享受更加充实、更加幸福的生活。

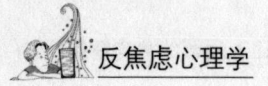

了解焦虑症及其表现

焦虑症又称为焦虑型神经症。是一种具有持久性焦虑、恐惧、紧张情绪和植物神经活动障碍的脑机能失调，常伴有运动性不安和躯体不适感。

焦虑症与正常焦虑情绪反应不同：第一，它是无缘无故的、没有明确对象和内容的焦急、紧张和恐惧；第二，它是指向未来，似乎某些威胁即将来临，但是患焦虑症的人自己说不出究竟存在何种威胁或危险；第三，它持续时间很长，如不进行积极有效的治疗，几周、几月，甚至数年迁延难愈。最后焦虑症除了呈现持续性或发作性惊恐状态外，同时伴有多种躯体症状。

简而言之，病理性焦虑是一种无根据的惊慌和紧张，心理上体验为泛化的、无固定目标的担心惊恐，生理上伴有警觉增高的躯体症状。

不是只有单纯的焦虑症才有这些症状，一些精神病症也可能产生焦虑症状，如精神分裂症、强迫症等精神疾患。这类疾病的焦虑症状只是其症状之一，这类焦虑症状在临床上的症状和精神病学上与单纯的焦虑症没有本质的区别，在治疗上也许比单纯的焦虑症要复杂，因为在治疗其焦虑症状的同时，还要治疗此类患者的其他症状，所以，在此需要与单纯的焦虑症有所区分。

出现焦虑症的人性格大多为胆小怕事，自卑多疑，做事思前想后，犹豫不决，对新事物及新环境不能很快适应。发病原因为精神因素，如处于紧张的环境不能适应，遭遇不幸或难以承担比较复杂而困难的工作等。

一般来说，焦虑症具有以下表现：

焦虑症多发生于中青年群体中，诱发的因素主要与人的个性和环境有关。前者多见于那些内向、羞怯、过于神经质的人，后者常与激烈竞争、超负荷工作、长期脑力劳动、人际关系紧张等密切相关，也有部分患者诱因不典型。

临床表现基本上有三组，亦可视为焦虑症的三大症状：

1. 病理性焦虑

病理性焦虑是指持续的无具体原因地感到紧张不安，或无现实依据地预感到灾难、威胁或大祸临头感，伴有明显的自主神经功能紊乱及运动性不安，常常伴随主观痛苦感或社会功能受损。

以上概念包括了以下基本特点：

（1）焦虑情绪的强度并无现实的基础或与现实的威胁明显不相称；

（2）焦虑导致精神痛苦和自我效能的下降，因此，是一种非适应性的；

（3）焦虑是相对持久的，并不随客观问题的解决而消失，常常与人格特征有关；

（4）表现自主神经系统症状为特征的紧张的情绪状态，包括胸部不适、心悸、气短等；

（5）预感到灾难或不幸的痛苦体验；

（6）对预感到的威胁异常的痛苦和害怕并感到缺乏应对的能力，甚至现实的适应因此而受影响。

据说，有70%的焦虑症患者同时伴有忧郁症状，对目前、未来生活缺乏信心和乐趣。有时情绪激动，失去平衡，经常无故地发怒，与家人争吵，对什么事情都看不惯，不满意。焦虑症有认识方面的障碍，对周围环境不能清晰地感知和认识，思维变得简单和模糊，整天专注于自己的健康状态，担心疾病再度发作。

> 焦虑躯体化的几种表现：1. 频繁失眠。即使很困，依然无法入睡，脑中思绪停不下来。2. 下意识憋气。总感觉胸闷、心慌，喘不上气。3. 经常胃不舒服。恶心呕吐，食欲不振，乏力没有力气。4. 注意力不集中。精神恍惚，小动作多，做事情没有兴趣。

2. 躯体不适症状

常为早期症状。在疾病进展期通常伴有多种躯体症状：心悸、心慌、胸闷、气短、心前区不适或疼痛，心跳和呼吸次数加快，全身有疲乏感，生活和工作能力下降，简单的日常家务工作变得困难不堪，无法胜任，如此症状反过来又会加重患者的担忧和焦虑。还有失眠、早醒、梦魇等睡眠障碍，而且颇为严重和顽固。此外，还可有消化功能紊乱等症状。

绝大多数焦虑症病人还有手抖、手指震颤或麻木感、阵发性潮红或冷感，月经不调、停经、性欲减退、尿意频急、头昏、眩晕、恐惧、晕厥发作等。

3. 精神运动性不安（简称精神性不安）

坐立不安、心神不定、搓手顿足、踱来走去、小动作增多、注意力无法集中、自己也不知道为什么如此惶恐不安。

常见的焦虑情绪

焦虑情绪的滋生源于压力，它来自各个方面，如升学就业、职位升降、事业发展、恋爱婚姻、名誉地位等，由此造成心神不宁，焦躁不安，严重影响人们的工作和生活。发生焦虑的原因有时候匪夷所思，出人意料。

1. 谈判焦虑

一位来自香港地区的年轻老板黄先生，曾有很好的经商业绩。他到大陆发展事业后，还娶了有经济专业硕士学位的霍小姐为妻。他因感到自己对大陆政策、风俗了解较少，普通话也讲不好，因而在商业谈判中总是怕开口，依赖太太做他的代理人。

2. 同事焦虑

英语专业毕业的路小姐业务能力极强，走到哪里都得到上司的赏识，她工作六年，却换过八家公司。为什么频繁跳槽？其实既不是她不适应业务，也不是老板炒她鱿鱼，都是她自己自动离职的。原因只有一个：她困惑地对心理医生说："我不知道如何与同事相处，为什么总有人造谣诬蔑我？有人排挤我？有人向老板告我的黑状？我也没有做错什么，为什么不能容忍我的存在？我只好逃避……"

3. 媒体焦虑

某干部乔女士由于工作努力认真，近年来得到领导认可，各种媒体频繁地对其进行采访，"上镜"机会增多。但因她工作中也有一些苦衷，使她对媒体的采访越来越反感，多次出现与记者的矛盾冲突的现象。经心理测试，发现乔女士患了焦虑型神经症。

4. 着装焦虑

中青年女性容易产生与化妆或着装有关的焦虑情绪。简女士说："一看见别人比自己会打扮，就像打了败仗一样，情绪一落千丈！"钟小姐说："在某些隆重的场合感到自己服装色彩的搭配不和谐，服装的样式也不够时髦，顿时像被人家扒光了衣服一样无地自容……"

> 正常人的焦虑是人们预期某种危险或痛苦境遇即将发生时的一种适应反应或为生物学的防御现象，是一种复杂的综合情绪，焦点是预感到未来威胁。与惧怕不同，后者是对客观存在的某种特殊威胁的反应。

另外，还有如亲友焦虑、校友焦虑、餐桌焦虑等，形形色色的焦虑情绪不胜枚举。它们像病菌一样侵蚀着人们的精神和肌体，妨碍着人们的正常人际交往，还直接影响着人们的身心健康。

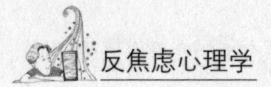

焦虑的高发人群

焦虑是一种自然反应。人人都会焦虑,它是一种情绪而非性格缺陷。焦虑的高发人群是一个多元化且复杂的集合,涉及多个方面的因素,包括遗传、心理社会、性格特质以及身体健康状况等。一般来说,太纠结于过去的人容易抑郁,太担忧未来的人容易焦虑。

以下是对焦虑高发人群的具体分析:

1. 遗传因素

遗传因素在焦虑症的发病中起着重要作用。研究表明,如果家族中有焦虑症病史,特别是父母或三代以内的亲属患有焦虑症,那么个体患焦虑症的风险会显著增加。这种风险可能高出普通人群数倍,且焦虑症被视为一种多基因遗传疾病。

2. 心理社会因素

现代社会的高速发展带来了诸多心理社会压力,这些压力对焦虑症的发病有显著影响。以下是一些主要的心理社会因素:

(1)生活事件:包括人际关系、婚姻、经济、家庭等方面的问题。这些生活事件往往导致个体承受巨大的心理压力,从而增加患焦虑症的风险。

(2)社会竞争:随着社会的快速发展,竞争日益激烈,职场人士、学生等群体面临巨大的工作压力和学习压力,容易导致焦虑情绪的产生。

(3)家庭环境:家庭关系紧张、婆媳矛盾、工作压力等也是导致焦虑症的重要因素。家庭成员之间的冲突和矛盾容易引发个体的焦虑情绪。

3. 性格特质

某些性格特质的人群更容易患上焦虑症。这些特质包括:

(1)内向、自卑、敏感:这类人群往往对自己的要求较高,容易因为小事而过分担忧，从而引发焦虑情绪。

（2）完美主义：完美主义者往往对每件事都追求尽善尽美，无法接受失败或瑕疵。这种强烈的追求完美的心态会给他们带来巨大的心理压力，增加患焦虑症的风险。

（3）缺乏安全感：缺乏安全感的人容易对周围环境产生不信任感，从而引发焦虑情绪。

4. 身体健康状况

身体健康状况也是影响焦虑症发病的重要因素之一。以下是一些主要的身体健康状况：

（1）大脑神经递质异常：大脑中的神经递质如多巴胺、去甲肾上腺素、五羟色胺等的异常变化可能导致焦虑症的发生。

（2）躯体疾病：一些躯体疾病如甲状腺功能亢进、心脏疾病等往往伴有焦虑症状。此外，长期的身体不适也可能引发焦虑情绪。

综上所述，为了预防和治疗焦虑症，我们需要关注这些高风险人群，并采取有效的措施来减轻他们的心理压力和焦虑情绪。

另外，还有以下几种性格类型的人容易引发焦虑：

一是爱攀比的人。人都有攀比心，有时候是无可避免，但如果攀比心太严重，对身边的人总是充满妒忌，这样会容易钻牛角尖，只要别人比自己好，自己就不服气、失望，这类型的人非常容易困入焦虑当中。

二是自卑心过重的人。如果一个人非常自卑，对自己缺乏自信，那么，这类人也非常容易患上焦虑症，因为自卑的人总觉得自己不如他人，做任何事都怕遭到批评，这样长期下来，心态就会越来越焦虑。

三是朋友少的人。交流是人与人之间很重要的事情，多与身边的人交流，经常和朋友一起，会使得人能从与他人的沟通中，释放一些不好情绪，但如果是朋友太少的人，这类人日常心事总是堆在心里，不好情绪得不到宣泄，长期下来，也非常容易产生焦虑不安。

四是家庭不和睦的人。单亲家庭，或是家中存在家暴等不和睦事情的人，日常在家会因环境的影响，内心常常处在苦闷，挣扎当中，长期下

来，也会容易产生焦虑心理。

五是性格偏执的人。性格顽固、偏执的人，对事物的看法和做法都非常坚守自己的态度，不愿接受他人意见和指点，如果身边的人和自己对着干，就会愤怒不安，这样的人也非常容易患上焦虑症状。

焦虑会给人们的心理和身体健康造成很大伤害。于是，缓解焦虑，走出焦虑是我们应该学习的课题，也是人们的共同愿望。

什么是入职焦虑症？

入职焦虑症是一种在职业生涯转变过程中常见的心理状态，主要源于对新环境、新任务、新人际关系的不确定性和自我期望的压力。入职焦虑症，经常出现在跳槽、转行或者升职的时候，不仅是在职场上工作三五年的时候会有，即便工作了十几年，也一样会遇到类似的情况。如刚毕业的学生初入职场或从一家公司跳槽进入另一家公司的社会人士，在入职初期，往往会出现工作上的不适应，甚至产生心烦意乱、焦虑等不良情绪。

入职焦虑症，作为职业生涯初期或重大转折点上的一种常见心理状态，其表现形式多样且深刻影响着个体的情绪与工作表现。以下是对入职焦虑症几种典型表现形式的主要阐述。

首先，技能与知识的焦虑是入职焦虑症的显著特征之一。面对全新的工作环境和岗位要求，新员工往往发现自己需要迅速掌握一系列新的技能和知识。这种紧迫感可能导致他们工作时力不从心，担心自己无法胜任的工作，从而陷入深深的焦虑之中。他们可能会花费大量时间自学或寻求帮助，但即便如此，内心的不安和焦虑依然难以消除。

其次，人际关系的适应也是入职焦虑症的重要表现。新入职的员工需要与新同事、上级，乃至下属建立良好的工作关系，这对于他们日后的职业发展至关重要。然而，由于彼此之间的陌生感和文化差异，这一过程往往充满挑战。新员工可能会担心自己无法融入团队，被孤立或排斥，这种担忧会进一步加剧他们的焦虑情绪。他们可能会变得敏感多疑，对同事的言行过度解读，甚至产生不必要的冲突和误解。

再次，职业期望与现实之间的落差也是入职焦虑症的一个常见原因。许多新员工在入职前对自己的职业发展抱有极高的期望，但现实往往并不如他们所愿。一旦发现自己无法立即实现这些期望，他们可能会感到沮丧和失望，进而产生焦虑情绪。这种落差不仅会影响他们的工作积极性，还可能对他们的自尊心和自信心造成打击。

最后，工作压力也是导致入职焦虑症的重要因素之一。新员工往往需要承担更多的工作任务和责任，以适应新的工作环境和岗位要求。这种压力可能来自工作本身的复杂性、时间紧迫性，以及来自上级和同事的期望与要求。如果新员工无法有效应对这些压力，就可能出现焦虑、紧张、烦躁等负面情绪，进而影响他们的身心健康和工作表现。

通过以上的阐述，相信大家对入职焦虑症及其具体表现形式已经有了较深入的了解。如果你正处于这样的阶段，请不要惊慌，我们可以采取一系列措施来加以应对。一是要调整好自己的心态，保持积极乐观的态度，相信自己能够逐渐适应新环境并胜任新工作。二是要制定合理的职业规划和发展路径，明确自己的发展方向和步骤，避免盲目追求和过度压力。三是要注重建立良好的工作关系和人脉网络，为自己的职业发展创造更多的机会和资源。四是要学会放松自己，保持身心健康和平衡发展。随着时间的推移和逐步的调节，你一定能够顺利度过这一阶段。

焦虑的八大表现

　　焦虑是当今时代变幻大潮中出现的一种现代心理流行病。焦虑严重的人，会感到压力巨大、惴惴不安、莫名恐惧，从而饱受煎熬。一般来说，具有如下表现：

　　一是心理紧张与不安。焦虑的核心体验是持续的紧张感、不安和害怕，这些情绪可能没有明显的外部触发因素，但会持续存在并影响个体的情绪状态。

　　二是身体不适。有明显的身体不适感，如口干、心悸、头痛或其他部位的疼痛、严重失眠、头晕，注意力不集中。

　　三是运动性不安。焦虑时，个体可能表现出无法静坐、频繁变换姿势、颤抖或徘徊等行为，这些都是身体试图释放紧张能量的表现。如坐立不安、震颤、徘徊、不停地搓手或在椅子上不停地换姿势、坐不住等。

　　四是无明确对象的恐惧与担忧。以持续的无明确病因的原发性焦虑为主，经常或持续的无明确对象或固定内容的恐惧、担忧，整天过得提心吊胆。

　　五是自主神经症状与社会功能受损。焦虑还会引起自主神经系统的紊乱，如出汗、呼吸急促等。同时，长期的焦虑可能导致个体在社会交往、工作和学习等方面表现不佳，社会功能受损。

　　六是健康焦虑。有些焦虑症患者会过分关注自己的身体健康状况，即使医生已经排除了器质性病变的可能性，他们仍然会频繁就医，寻求"确诊"或"治疗"。

　　七是病理性担忧。焦虑症患者对身体的不适感有过度放大的倾向，他们可能将正常的生理反应视为严重的疾病信号，从而陷入无尽的担忧和痛苦之中。

八是恶性思维。焦虑症患者倾向于将不太可能发生的负面事件视为即将发生的灾难，总担心坏事会降临，而且持续时间较长。这种思维方式会加剧他们的恐惧和不安感。

对于焦虑情绪，惊慌与恐惧无济于事，我们要懂得接纳与克服，要找到出现焦虑问题的根源。平时注重一些缓解方式，焦虑就可以消失。如可以做一些放松训练，如深呼吸、转移注意力，如果一件事让自己陷入焦虑或者恐惧的情绪中，可以试图做一些其他事，如运动、读书、看电影等，并且尽可能地给予自己积极的心理暗示。

辩证认知，适度的焦虑具有积极作用

任何人都会存有一定的焦虑情绪，这是很正常的。但应了解焦虑情绪是处于一个什么样的状态，焦虑可分为轻度、中等、重度等。适度的焦虑并非坏事，反而能使你鼓起力量，去应对即将发生的危机。凡事都有两面性，焦虑对人的影响也不仅仅只有消极的一面，它也有积极的一面。

许多专家认为，适度的焦虑可以提高人的警觉水平，充分调动身心潜能，使自己的知识经验、技能技巧和智力体力达到激活状态。这时，人的注意力会更加集中，思维更加敏捷，心理反应加快，从而能更好地解决面临的问题。试想，如果一个人在面临一场重大考试时，一丝紧张感也没有，那他如何能够进入考试状态，又如何能够考得好呢？

虽然也有学者认为，焦虑不同于紧张，适度的紧张对考试是必要的，而焦虑的影响则与此不同，它使人烦躁不安、心神不定，焦虑导致的是压抑而不是刺激。但是，无论是从焦虑与紧张的心理表现还是生理状况上看，要将两者区分清楚是很困难的，焦虑与紧张总是紧密地联系在一起。所以，目前还难以将它们严格区分开。考生在临场考试时出现紧张和焦

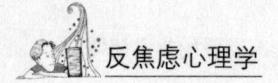

虑，是一种很正常的现象。它的产生不仅是必然的，而且是必需的，但关键在于焦虑的强度。高度的焦虑会使人处于一种极度的紧张状态中，产生恐惧，因而可能对工作、学习或者生活产生破坏作用。而过低的焦虑则会使人对生活抱无所谓的态度，不能引起足够的重视，同样也不利于工作和生活。

心理学的研究证明：在一般情况下（即面临一般难度的任务），中等程度的焦虑有利于任务的完成；但对于高难度的任务而言，以较低程度的焦虑效果为好。因此，若要提高工作和学习效率，改善生活状态，就应保持一定程度的、中度以下的焦虑，无所谓态度或忧心忡忡的状况都是一种极端。

但是，如果焦虑过多，这种有积极意义的情绪就会起到相反的作用，它会妨碍你去应付、处理面前的危机，甚至妨碍你的日常生活。如果你得了焦虑症，你可能在大多数时候，没有什么明确的原因就会感到焦虑；你会觉得你的焦虑是如此妨碍你的生活，你什么都干不了。

★测一测：你焦虑吗？

对于不同年龄、不同性别的人来说，焦虑的分布也有着明显的区别。相比老年人，年轻人更容易焦虑，因为年轻人往往心智还不成熟，社会经验不足，控制情绪的能力也比较弱；而相较于男性而言，女性则更为感性，更容易焦虑。

你是否也焦虑了呢？下面是一些测试题，每道题有四个选项，分别是：A.没有；B.少部分时间；C.大部分时间；D.绝大部分，甚至是全部时间。该测试题为单项选择题，请勿多选。

1.觉得自己在平时十分容易陷入紧张或着急的情绪中。

2.经常会无缘无故地感到害怕。

3. 经常会觉得心里烦乱或者感到恐慌。

4. 有时候觉得自己马上就要发疯。

5. 觉得身边的一切都很好,并不会有什么不好的事情发生。(反向问题)

6. 在紧张的时候,手脚会不受控制地发抖。

7. 经常会因为头疼、颈痛或背痛而感到苦恼。

8. 经常觉得自己陷入了疲惫乏力的状态中。

9. 觉得自己能够保持心平气和,并能长时间安静地坐着。(反向问题)

10. 觉得自己处于陌生环境的时候,心跳会很快。

11. 会因为紧张而感到头晕,并为此苦恼不已。

12. 曾有过晕倒或者近似晕倒的感觉。

13. 呼吸十分顺畅,并没有发现什么问题。(反向问题)

14. 时常会觉得手脚麻木和刺痛。

15. 常常会由于胃痛和消化不良而苦恼不已。

16. 一紧张就想要小便。

17. 手脚常常是干燥温暖的。(反向问题)

18. 被很多人注视的时候,会脸红。

19. 很容易进入睡眠,并且睡眠质量一直很好。(反向问题)

20. 经常做噩梦。

计分:

正向问题A、B、C、D按1、2、3、4的分值来计分;反向问题按4、3、2、1的分值来计分。

反向计分题号:5、9、13、17、19。

分值计算方法:

将20道题的得分相加算出总分"Z"。

根据公式 $Y = 1.25 \times Z$ 计算,取整数。

若$Y < 35$,则表示心理健康,没有焦虑症状;

若 35 ≤ Y < 55，则表示偶尔会出现焦虑，但是症状轻微；

若 55 ≤ Y < 65，则表示经常焦虑，有中度症状；

若 65 ≤ Y，则表示有重度焦虑，请联系医生寻求帮助。

上面的测试只是一种简单的自测方式，并不能准确地对你的焦虑症做出判断。但是测试结果可以对你最近的心理状况做出大致的判断，如果得出的结果趋向于严重化发展，那么你就有必要找与此相关的专业医师进行询问并及时医治。

第2章

心理学家的理论：
关于焦虑的主要流派观点

一个人焦虑情绪的产生，都是源于对某件事物的在乎和渴望。

精神分析学派：弗洛伊德、霍妮

⊙ 弗洛伊德的潜意识冲突理论观点

西格蒙德·弗洛伊德（Sigmund Freud，1856-1939年），奥地利精神病医师、心理学家、精神分析学派创始人，被称为"维也纳第一精神分析学派"。

弗洛伊德认为焦虑是自我在感受到威胁时提出的一种警示。他把这种焦虑论称为"焦虑的信号理论"。他认为，焦虑可能使个体不恰当地使用防御机制，从而导致心理疾病产生。弗洛伊德认为焦虑的发展分为两个阶段：一是原始焦虑阶段，二是后续焦虑阶段。原始焦虑主要是出生创伤，它是后续焦虑的基础。

弗洛伊德认为焦虑源于潜意识中的本能冲动（如性本能、攻击本能）与自我和超我之间的冲突。当本能冲动威胁到自我的控制或违背超我的道德准则时，焦虑就会产生。例如，一个人在潜意识中有强烈的攻击欲望，但他的超我不允许有这种攻击行为，这种冲突就可能导致焦虑。

他将焦虑分为三类，即现实性焦虑、神经性焦虑和道德性焦虑。现实性焦虑是对外部危险的合理恐惧；神经性焦虑是对本能冲动失控的恐惧；道德性焦虑是对违背良心和道德准则的恐惧。比如，面临考试压力（外部危险）产生的是现实性焦虑，担心自己无法控制愤怒情绪而伤害他人（本能冲动失控）属于神经性焦虑，因做了违背道德的事而内心不安属于道德性焦虑。

⊙ 霍妮的基本焦虑理论

卡伦·霍妮（Karen Horney，1885-1992年），医学博士，德裔美国心理学家和精神病学家，精神分析学说中新弗洛伊德主义的主要代表人物，社会心理学的最早的倡导者之一。

霍妮强调社会文化因素对焦虑的影响。她认为儿童在不良的家庭环境（如父母的冷漠、忽视、过度控制等）中成长时，会产生基本焦虑，即一种孤立无援、被抛弃的恐惧感。这种基本焦虑会在成年后以各种形式表现出来，如对他人的过度依赖、对人际关系的恐惧等。例如，一个在童年时期经常被父母忽视的人，在成年后可能会在人际关系中表现出过度的焦虑，担心被他人抛弃。

行为主义学派：华生、斯金纳

⊙ 华生的行为主义

华生（J. Watson，1878-1958年），出生于美国南卡罗来纳州格林维尔城外的一个农庄。他是美国著名的心理学家和行为主义心理学的创始人。华生认为焦虑是通过条件反射学习得来的。例如，一个原本对狗没有恐惧的孩子，在被狗咬伤（无条件刺激）后，可能会对狗（条件刺激）产生恐惧和焦虑，这是因为狗与被咬伤的痛苦经历建立了联系。在焦虑的形成过程中，还可能出现刺激泛化现象。例如，一个孩子被一只黑色的狗咬伤后，可能会对所有黑色的动物，甚至黑色的物体产生焦虑。

⊙ 斯金纳的操作条件反射理论

斯金纳（Burrhus.Frederic.Skinner，1904-1990年），美国心理学家，新行为主义心理学的创始人之一，操作性条件反射理论的奠基者。

斯金纳的强化理论核心是通过强化或惩罚，塑造人的稳定行为与情绪。斯金纳认为焦虑的产生和维持与行为的强化和惩罚有关。如果一个人在某种情境下的行为（如社交场合中的发言）经常受到负面评价（惩罚），他可能会在类似情境中产生焦虑。而逃避这种情境（如避免参加社交活动）可能会使焦虑暂时减轻（负强化），从而导致逃避行为的增加，焦虑也会持续存在。

认知学派：埃利斯、贝克

⊙ 埃利斯的理性情绪疗法理论

美国心理学家埃利斯（Albert Ellis，1913-2007年），于20世纪50年代创建了情绪ABC理论。ABC三个字母是三个字母的首写：A——activating event：激发事件；B——belief：信念；C——consequence：后果。情绪ABC理论认为，激发事件（A）只是引发情绪和行为后果（C）的间接原因，个体对激发事件的信念（B）即主观评价才是导致行为后果（C）的主观原因。

埃利斯还提出了不合理信念与焦虑理论。他认为，人们常常持有一些不合理的信念，这些信念会导致焦虑的产生。例如，绝对化的要求（"我必须在所有事情上都成功"）、过分概括化（"我这次失败了，所以我在所有方面都不行"）和糟糕至极的想法（"这次失败意味着我的人生彻底完蛋了"）等不合理信念，会引发强烈的焦虑情绪。

⊙ 贝克的认知疗法理论

贝克（Aaron T.Back，1921-2021年），美国精神病学家、临床心理学家，认知行为治疗的创始人。贝克认为，人们在长期的生活经验中形成了特定的认知图式，这些图式会影响他们对信息的加工和理解，从而导致焦虑的产生。例如，一个具有"我是不安全的"认知图式的人，在面对新的情境时，会更容易注意到潜在的危险信息，并将这些信息解释为对自己的威胁，从而产生焦虑。

贝克指出，认知偏差与焦虑是指，焦虑患者往往存在认知偏差，如选择性注意（只关注负面信息）、过度概括（根据个别事件得出普遍结论）、夸大或缩小（对事件的意义或影响进行不恰当的夸大或缩小）等。这些认知偏差会使焦虑持续和加重。

人本主义学派：马斯洛、罗杰斯

⊙ 马斯洛的需要层次理论

亚伯拉罕·哈洛德·马斯洛（Abraham Harold Maslow，1908-1970年）。美国著名社会心理学家，第三代心理学的开创者，提出了融合精神分析心理学和行为主义心理学的人本主义心理学，于其中融合了其美学思想。他的主要成就包括提出了人本主义心理学，提出了马斯洛需求层次理论。

马斯洛认为人类的需要是分层次的，当个体的基本需要（如生理需要、安全需要、归属与爱的需要等）得不到满足时，就会产生焦虑。例如，一个人长期处于失业状态，其生理需要和安全需要得不到保障，就会产生焦虑情绪。而当个体追求更高层次的需要（如尊重需要和自我实现需要）时，如果遇到阻碍，也可能会产生焦虑。

⊙ 罗杰斯的人本主义理论

罗杰斯（C·R·Rogers，1902-1987年），美国著名心理学家、哲学博士、教授、美国应用心理学的创始人之一。罗杰斯提出，当个体的自我概念与现实经验之间存在不一致时，就会产生焦虑。例如，某人一直认为自己是一个优秀的学生，但在一次重要的考试中却失败了，这种现实经验与

自我概念的冲突就可能导致焦虑。为了减少焦虑,个体可能会采取防御机制(如否认、歪曲事实等)来维护自我概念的一致性。

★测一测:你会控制情绪吗?

在一个阴雨天,你打开窗户向外望的时候,正巧看到一个男子在路上走着,你认为他当时的心情是什么样的?

A.正在想着某个问题,满腹心事。

B.正在享受一个人的时光。

C.由于忘记带伞而懊恼。

D.感情受挫,失魂落魄。

答案分析:

A.你有着很好的人缘,平时可以很好地管理自己的情绪,不会轻易跟他人发生冲突。因此,你是从小优秀到大的模范生。

B.大部分时间,你会把精力全都放在自己的目标上。你不太喜欢被约束,只要他人不侵犯你,你也不会去干预他人。你常常表现出一副冷漠的样子,不爱说话,让人觉得你很孤僻。其实跟你相处久了之后,就知道你是个外冷内热的人,只是不善于表达罢了。

C.你是个爱敲边鼓的人,只要有一个人对他人发难,你就会不假思索地前去起哄,可能出发点并无恶意。而如果事情到了最后变得不可收拾,你又会觉得难过,因为你也没想到自己会成为事件的帮凶之一。你太爱凑热闹了,情绪常常被他人所影响。

D.你的情绪起伏不定,是个性情中人。在碰到问题的时候,你往往反应激烈,可能还没等对方把话说完,就开始想着如何着手处理了。你看上去很傲慢,因此,招致了不少麻烦。在与他人相处的时候,你也是凭自己的印象来进行,顺眼的就发展成密友,不顺眼的就可能当成敌人。

第3章

你若偏于负面思维，焦虑心理就会伤害你于无形

考古学家卢柏克·J曾说："我们常常听人说，人们因工作过度而垮下来，但是实际上十有八九是因为饱受担忧或焦虑的折磨。"真正拖垮一个人的，不是忙碌的工作和琐碎的生活，而是无穷无尽的焦虑。

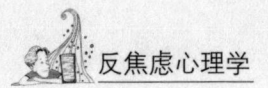

导致焦虑内耗的思维陷阱

从心理学的角度来说，让我们产生焦虑内耗的深层原因往往是来自认知扭曲。我们一旦陷入焦虑内耗的思维陷阱中，就会在内心中受到无形的伤害。有道是，认知决定情绪。通常来讲，导致焦虑思维的陷阱有如下几个方面：

一是非此即彼。拥有这种思维方式的人，在思考问题时往往会不自觉地陷入"非黑即白"的极端逻辑中。只要自己有一点不完美，就认为自己彻底失败了。领导只是批评了你一句，你会解读为他极度讨厌你；你只是搞砸了一件小事，内心却会想："这么点小事都做不好，我真是彻底没用了。"面试没有通过，你会认为："自己太差劲了……"这种"非黑即白"的思维方式很容易让人设定过高的目标，而这些目标由于不切实际而难以达成，你又因此把自己贬低得一无是处。这样不断地碰壁，不断地把自己逼入绝境。

二是以偏概全。拥有这种思维方式的人，会倾向于将一次不幸的经历或负面事件，视为未来所有类似情况的预兆。比如，有一个男孩深深喜欢着一个女孩，根据日常的相处与观察，他坚信女孩对他也有好感。然而，当他鼓起勇气表白后却遭到了拒绝，这次经历让他深受打击，以至于他之后坚决避免与真实世界中的女生有任何进一步的接触。实际上，真正让这个男孩痛彻心扉的，并非仅仅那个女孩拒绝了他这一事实，更深层次的原因在于他采用了"以偏概全"的思维方式，将一次失败的经历无限放大，进而摧毁了自己的自信心。

三是心理过滤。这是一种特定的思维模式，它让人倾向于从事件中筛选出负面的细节，并反复咀嚼这些细节，最终使得整个世界都笼罩在消极的氛围之下。正如一滴墨水足以染黑整杯水，心理过滤也让人的视野变得狭隘而悲观。在这种思维模式下，个体仿佛戴上了一副有色眼镜，只能看见消极悲观的事情，而自动忽略了那些正面、积极的内容。这种选择性的失明，不仅限制了人们对世界的全面认知，也严重影响了他们的情绪状态和心理健康。

四是否定正面思考。否定正面思考，这是一种更为极端的心理误区。你并非看不见正面的内容，而是倾向于将正面的内容转化为负面的体验。例如，当有人真诚地夸奖你长相出众时，你或许会认为这只是对方的客套话，没有真心实意；当有人表达对你的喜爱时，你可能会怀疑对方别有用心，或认为对方还不够真正了解你；而当你取得成功时，你往往会将其归结为运气或侥幸，而非自身的努力和实力。你的内心充满了关于自己的负面信念，即使生活中出现了与这些信念相悖的事实，你也难以相信，甚至会扭曲这些事实，使它们符合你内心早已形成的负面观念。

五是妄下结论。这种人往往不经过实际检验，就迅速武断地得出负面结论。最典型的是读心术和先知错误。第一种读心术，你会认为对方不喜欢你，并且对此确信无疑，甚至懒得去查证。比如，你在台上说话的时候，有人睡着了。你会立马得出结论："他肯定觉得我讲得无聊透顶"；你约一个朋友出来玩，他说有事。你会立马得出结论："他肯定内心很烦我"。第二种先知错误，你好像冥冥中未卜先知，像一个预言家一样，算准了自己会不幸，哪怕其实是子虚乌有的。比如，有的人非常坚定地相信，自己一定会早死，所以纵情享乐，更加不注意身体；有的人非常坚定地相信，自己未来一定会离婚，所以平时恋爱好好的，一到谈婚论嫁就打退堂鼓。

六是罪责自己。很多事情并不是你的错，但你还是会把责任往自己身上揽，认为"都是我的错"。这种认知扭曲是内疚感的来源。

七是放大和缩小。有这种思维方式的人，会过度放大自己的错误和缺点，却过度缩小自己的成绩和优点。有一句文艺的话就是：我得到的都是侥幸，我失去的都是人生。这样会导致什么结果呢？哪怕你聪明又努力，

> 著名心理学家、认知疗法的代表人物戴维·伯恩斯认为，我们大部分的情绪问题，实际上来源于我们内心中的认知扭曲。

事实上不比别人差，但你很难获得成就感，很容易感到自卑。

八是乱贴标签。乱贴标签是一种极端的以偏概全的形式，这种思维方式启动时，你不再描述自己的错误，而是直接蔑视自己，给自己贴上消极的标签。比如，你一次投资失利，你不会说："我这次的投资决策仓促、草率而有问题。"你往往会直接怼自己："我这个人很糟糕。"

总之，当我们情绪出问题时，往往是我们的思维出了问题。而导致我们焦虑、抑郁的罪魁祸首很大程度上就是认知扭曲，也就是我们那些歪曲的、不合理的思维方式。对此，我们必须拥有正确的认知。

过度紧张焦虑有损健康

现代生活的一个显著特点就是快节奏，这种节奏伴随着社会竞争的加剧，使得现代人的时间观念发生了深刻变化，生活节奏便显著加快。这种变化在带来机遇和挑战的同时，也无可避免地给人们带来了许多紧张和压力。在心理学上，精神紧张通常可分为弱、适度和强烈三种程度。适度的精神紧张能够激发人的潜能，帮助人们更好地应对挑战和解决问题；然而，当这种紧张状态超出人们所能承受的正常范围，变得过度时，它不仅不利于问题的有效解决，反而会对人们的身心健康造成严重的损害。

从生理心理学的角度来看，长期、反复地处于过度紧张的状态，会导致人们的生理和心理机制发生紊乱。在生理上，过度紧张可能引发一系列的身体反应，如心跳加速、血压升高、呼吸急促等，这些反应在短期内可能是人们应对压力的自然反应，但长期持续下去，就可能对心血管系统、免疫系统等造成不可逆的损害。在心理上，过度紧张则可能导致人们变得急躁、激动，甚至恼怒，严重时还可能导致大脑神经功能紊乱，出现记忆力减退、注意力不集中、思维迟钝等问题，进一步影响人们的学习和工作能力。

过度紧张焦虑不仅损害人们的身心健康，还可能对其社交关系产生负面影响。在紧张焦虑的状态下，人们可能变得敏感多疑，对他人的言行举止过度解读，从而引发不必要的误解和冲突。此外，过度紧张焦虑还可能影响人们的情绪管理能力，使其在面对困难和挑战时更容易陷入消极情绪中，难以保持冷静和理智。

为了有效消除焦虑、紧张心理，人们需要从多个方面入手，其中最为关键的是合理调整自我期望和学会调整生活节奏。

一是合理调整自我期望。这意味着人们需要清醒地认识到自己能力和精力的局限性，不过于争强好胜，事事追求完美。在设定目标时，应该结合自身的实际情况，设定合理、可行的目标，避免给自己带来过大的压力。同时，人们还需要学会从长远和全局的角度看待问题，不过分计较眼前的得失，也不过分在意他人的看法和评价。这样，人们的心境才能变得更加平和放松，减少不必要的紧张焦虑。

二是学会调整生活节奏。在日常生活中，人们应该注意合理安排时间，既要集中精力工作学习，也要充分享受休闲时光。通过保证充足的睡眠时间、适当参与文娱体育活动等方式，人们可以有效地缓解紧张焦虑的情绪，恢复身心的活力。同时，人们还需要学会在忙碌中寻找乐趣，保持积极向上的心态，以更加乐观的态度面对生活中的挑战和困难。

综上所述，过度紧张焦虑对人们的身心健康和社交关系都造成了严重的损害。为了维护健康、提高生活质量，人们需要从合理调整自我期望和学会调整生活节奏等方面入手，努力克服紧张焦虑的情绪，实现身心的和谐与平衡。

不要钻进非此即彼的套子里

很多人都将自己的人生看成一场大型的考试，每道题的答案只有对和错两种评分标准。其实不然，人生是属于自己的，从来不需要别人来打分，而答案更没有对错之分。很多时候，我们不需要将自己逼到一种极端情境之中。不要总是用概括性、绝对性的认知方式来看待所发生的事情，这种极端化的思维方式往往会带来焦虑、消沉、愤怒等负面情绪。他们往往否认积极的一面,只关注消极的一面。一旦负面情绪积压到一定程度,就有可能引发一场悲剧。

2016年7月,在江西省吉安县一家超市中,发生了一件让人唏嘘不已的事情。

一天晚上7点左右,有三位大人带着一个小孩来到超市选购商品,准备结账的时候,小孩拿着购买的商品在收银机的扫描仪上扫过来过去,影响了女收银员正常的工作,随即女收银员制止了小孩的行为。没想到,大人非但没有因为孩子的不懂事而道歉,反而与女收银员发生了争吵。在争吵之中,另一位超市的员工赶来劝解,三位同行大人中的一位老太太不仅不听劝,还当场扇了女收银员一记耳光。随后,另一位同行的中年妇女又对女收银员头部进行了击打。双方闹成了一团。

事发几天之后,超市方叫来打人顾客与女收银员进行调解。在调解的过程中,女收银员的情绪一直很低落,而这时所有人都没有留意到女收银员的情绪,没人为她争取相关的利益。三名顾客的态度十分强硬,而超市方因此还要扣女收银员三天的工资。感到十分委屈的女收银员,随后走出了调解室,走到了超市的货架前,拿起了货架上的刀具,捅向了自己的左胸,后经抢救无效死亡。

> 如果你正在被负面情绪所困扰,不如去看场电影或者来次旅游,让自己先把困扰自己的情绪放置一边,就像是遇见了下雨天,我们不能改变天气,不如打一把伞,去欣赏一下雨景,也是一个不错的选择呢。

这是一件让人唏嘘不已的事件,人们在为收银员抱不平的时候,同时也在为收银员有这样的举动而感到不值。受了委屈,情绪低落可以理解,但是没必要把自己逼进极端之中。凡事需要自己看开,谁都可能会有与委屈狭路相逢的时刻,如果每个人受了点委屈就寻短见,那么生命也太过脆弱和廉价了。

一旦思维走进了极端,往往会带有绝对性的"应该""必须""一定"的想法,而带有这种想法的人就会感到困扰,因为他们的观念里"不是这样就一定是那样",导致他们容易做出一些极端的行为。

一位心理学家在他发表的一部专著中认为,过度概括化和绝对性的思维,容易让人们在面对发生的事件时产生认同障碍,也就是用行为的好坏来认定自己的好坏。当人们产生概括化和绝对性的想法时,就会带着绝对性的观点去看待事情。比如面试失败,就会认为自己是个失败者,从而陷入失落、抑郁等负面情绪之中。其实有些失败跟自身的真实价值是无关的,之所以会产生负面情绪,说明你已经产生了错误的思维,让自己对这件事的感觉变得极为强烈。

试着用多种可能性的眼光去看待每件事情。当你用不同的看法,重新去看待一些事情的时候,负面情绪就会很快得以消除。你完全可以从不同的角度去看待那些你认为的各种不公平的事情,这样你的怒气就会减少很多。生命只有一次,春天可能来得晚些,但并不会影响花开。

别总从坏的一面看问题

总从坏的一面看问题是一种悲观的想法,它会抑制你的进取心,让你被忧虑所侵蚀。因此,我们一定要战胜这种不良的思考方式。

一场大水冲垮了女人的泥屋,家具和衣物也都被卷走了。洪水退去后,她坐在一堆废墟上哭泣:为什么她这么不幸?以后该住在哪儿呢?镇里的表姐带了些东西来看她,她又忍不住向表姐哭诉了一番。没想到表姐非但没有安慰她,反而斥责道:"有什么好伤心的?泥房子本来就不结实,你先租个房子住段时间,再盖个砖瓦房不就好了!"

故事中的女人就是生活中悲观者的代表。他们遇事总是拼命往坏的一面想,自找烦恼,钻牛角尖,不问自己得到了什么,只看自己失去了多少,结果情况越来越糟糕,心情越来越低落。其实,任何事情都有两面性,如果能从积极的方面看问题、想办法,那么结果就会截然不同,做起事来也会更加得心应手。

有位秀才第二次进京赶考，住在一个他以前住过的店里。考试前的一天晚上，他接连做了两个梦：第一个梦是梦到自己在墙上种高粱；第二个梦是下雨天，他戴着斗笠还打着伞。这两个梦似乎有些深意，秀才第二天早起就赶紧去找算命先生来解梦。算命先生一听，连拍大腿说："你还是回家吧，你想想，高墙上种高粱不是白费劲吗？戴斗笠还打雨伞不是多此一举吗？"秀才一听，心灰意冷，回店收拾包袱准备回家。店老板见状很奇怪，问："不是明天才考试吗，你怎么今天就回乡了？"秀才如此这般解说了一番，店老板却乐了："咳，我也会解梦的。我倒觉得，你这次一定要留下来。你想想，墙上种高粱不是意味着高中（种）吗？戴斗笠打伞不是说明你这次是有备无患吗？"秀才一听，觉得店老板的话比算命先生更有道理，于是精神振奋地参加了考试，并中了榜眼。

角度不同，对问题的看法自然各异。有人积极，有人消极。消极思维者只看坏的一面，对事物总能找到消极的解释，最终他们也将得到消极的结果。而积极思维者却更愿意从好的方面考虑问题，并通过自己的努力，得到一个积极的结果。正如叔本华所言："事物的本身并不影响人，人们是受到了对事物看法的影响！"

悲观的人永远都在担忧自己剩下的那一点财富，而乐观的人却永远为自己还剩下的财富而庆幸。面对金黄的晚霞映红半边天的情景，有人叹息："夕阳无限好，只是近黄昏。"也有人想到的却是："莫道桑榆晚，为霞尚满天。"面对半杯饮料，有人遗憾地说："可惜只有半杯了。"有人却庆幸地说："尚好，还有半杯可饮。"不同的人对同一件事有不同的心情，就因为他们对其有不同的想法，结果当然也会大相径庭。

我们每个人都有自己的生活，都有选择精彩人生的机会，关键在于你的想法是否总是朝向积极的一面。凡事往好处想，就会觉得人生快乐无比。人生没有绝对的苦乐，只要凡事肯向好处想，自然能够转苦为乐、转难为易、转危为安。海伦·凯勒曾说："面向阳光，你就不会看见阴影。"积极的人生观，就是心中的阳光！

消极的人总是抱怨，而积极的人则充满希望。消极的人等待生活的安排，积极的人则主动安排、改变生活。积极的思想是快乐的起点，它能激发你的潜能，使你愉快地接受意想不到的任务，悦纳意想不到的变化，宽容意想不到的冒犯，并敢于尝试那些想做却又不敢做的事。这样，你就能获得他人所企望的发展机遇，自然也就会更上进，更幸福。而如果让消极的思想束缚着你，你就会像背负着沉重而无用的大包袱一样，看不到希望，也错过许多触手可及的机会。

美景到处都有，在于你如何感知

著名雕塑家罗丹曾言："生活中不是没有美，而是缺少发现美的眼睛。"此言极是。在这个纷繁复杂的世界里，美好的事物人人向往。若你心怀愉悦，便能拥有一双慧眼，察觉沿途皆是风景。然而，并非所有人都能时刻保持愉悦心境，故而美景有时亦会被忽视。

心平气和之人，其发现美的眼睛并非生于面庞，而是深植于心。这双心灵之眼，较之于自然赋予的双眼更为珍贵。通过它，人们得以窥见一个更为美丽、更为细腻的世界。它不为负面情绪所扰，懂得适时"止损"，专注于生活中的美好之处。

曾有一位酷爱盆景的老人，他对待这些绿植如同珍宝，呵护备至。一次，老人因事外出，临行前反复叮嘱儿子务必细心照料那些与他生命同等重要的盆景。儿子谨遵父命，尽心尽力。然而，在一次浇水时，儿子不慎碰倒了花架，一个盆景应声而碎。面对满地碎片，儿子忧心忡忡，生怕父亲归来会责怪自己。

老人归来后，儿子坦诚相告。出人意料的是，老人非但没

> 美景，常常在我们的身边，只是需要我们去发现和欣赏。无论是在喧嚣的城市中，还是在宁静的乡村里，只要用心去寻找，总会有令人惊叹的景色在眼前展开。

有责备，反而笑言："无妨，我种植盆景本为欣赏与美化家居，非为生气。"老人的话道出了真谛：盆景既已破碎，何必再为此损及好心情？同理，人生亦非为生气而活，唯有愚者才会以他人之过惩罚自己。

生活之中，不如意事常八九。或许工作卑微，生活窘迫，环境阴暗，但只要心向阳光，每一刻都能变得精彩纷呈。在时间的长河中，处处埋藏着幸福的种子，只待我们去发掘、去浇灌，最终收获幸福的果实。

让我们从现在做起，以美的视角审视周遭，为生活中的微小确幸欢呼。幸福往往藏匿于生活的细微之处，只要我们勇于探索，一定能发现其踪迹。正如村上春树所言："生活中为了发现'小确幸'，需要一定程度的自我约束。正如运动后畅饮冰镇啤酒那一刻的畅快淋漓——'呜——正是如此！'这份激动，足以让人心潮澎湃，仿佛醍醐灌顶。缺乏'小确幸'的人生，无异于一片荒芜的沙漠。"

★测一测：你的情绪是否稳定？

1. 打开手机相册，看一看最近自己拍摄的照片，你的感想是什么？
   A. 觉得并不满意。　　B. 感觉还不错。　　C. 觉得还过得去。
2. 你是否会想象若干年后将要发生一些让自己心神不宁的事情？
   A. 经常会想。　　　　B. 从来没想过。　　C. 偶尔会想到。
3. 你是否曾经被同事或者朋友取过绰号、挖苦过？
   A. 常有的事情。　　　B. 从来没有过。　　C. 偶尔会有。
4. 你在就寝之后，是否会怀疑自己门窗没关好，因此再起来一次？
   A. 经常会这样。　　　B. 并不会这样。　　C. 偶尔如此。
5. 你对与你关系亲密的人是否满意？
   A. 不满意。　　B. 非常满意。　　C. 基本满意。
6. 半夜的时候，你是否会想一些让你感到害怕的事情？
   A. 经常。　　B. 从来没有。　　C. 极少有这种情况。

7. 你是否会因为梦到什么可怕的事情而半夜惊醒？
   A. 经常。　　　B. 没有。　　　C. 极少。
8. 你是否有过多次做了一样的梦的情况？
   A. 有。　　　　B. 没有。　　　C. 记不清。
9. 有没有一种食物让你吃完之后想要呕吐？
   A. 有。　　　　B. 没有。　　　C. 记不清。
10. 除去眼中所看到的世界之外，你的心里是否藏着另外一个世界呢？
    A. 有。　　　　B. 没有。　　　C. 记不清。
11. 你是否觉得自己并非现在的父母所生呢？
    A. 时常　　　　B. 没有。　　　C. 偶尔有。
12. 你是否觉得世上有一个爱你或者尊重你想法的人？
    A. 否。　　　　B. 说不清。　　C. 是。
13. 你是否常常会觉得你的家庭对你不够好，但你又明明知道他们确实对你很好？
    A. 是。　　　　B. 否。　　　　C. 偶尔。
14. 你是否觉得世上并不存在特别了解你的人？
    A. 是。　　　　B. 否。　　　　C. 说不清楚。
15. 早上起来的时候，你常常有什么感觉？
    A. 天气阴沉。　B. 阳光灿烂。　C. 不清楚。
16. 站在高处的时候，是否觉得心慌站不稳？
    A. 是。　　　　B. 否　　　　　C. 有时是这样。
17. 你平时是否觉得自己很强健？
    A. 否。　　　　B. 不清楚。　　C. 是。
18. 你回到家之后是否会马上把门关上？
    A. 是。　　　　B. 否。　　　　C. 不清楚。
19. 把门关上之后坐在房间里，独自一人的时候你是否感到害怕？
    A. 是。　　　　B. 否。　　　　C. 偶尔。
20. 当一件事需要你做决定的时候，你是否觉得很难？
    A. 是。　　　　B. 否。　　　　C. 偶尔。
21. 你是否常常会通过抛硬币、抽签等游戏来测吉凶？
    A. 是。　　　　B. 否。　　　　C. 偶尔。

22. 你是否常常因为碰到东西而跌倒?
   A. 是。　　　　　　B. 否。　　　　　　C. 偶尔。

23. 你是否需要用很长时间才能入睡,而且常常醒得比你希望的早一小时?
   A. 经常这样。　　　B. 从不这样。　　　C. 偶尔这样。

24. 你是否曾看到、听到或感觉到别人并没有留意到的东西?
   A. 经常这样。　　　B. 从不这样。　　　C. 偶尔这样。

25. 你是否觉得自己有超越常人的能力?
   A. 是。　　　　　　B. 否。　　　　　　C. 不清楚。

26. 你是否觉得有人跟着你走而让你心神不宁?
   A. 是。　　　　　　B. 否。　　　　　　C. 不清楚。

27. 你是否觉得有人在偷偷观察你的言行?
   A. 是。　　　　　　B. 否。　　　　　　C. 不清楚。

28. 一个人走夜路的时候,你是否总觉得周围潜藏一些危险?
   A. 是。　　　　　　B. 否。　　　　　　C. 偶尔。

29. 看到有人自杀,你的想法是什么?
   A. 可以理解。　　　B. 不可思议。　　　C. 不清楚。

计分: 以上各题,选A得2分,选B得0分,选C得1分。得分越少,表明你的情绪越稳定,相反则越差。

答案分析:

A. 总分0~20分。

说明你的情绪基本稳定,自信心强,具有较强的美感、道德感和理智感。你是个性情爽朗、受人欢迎的人。

B. 总分21~40分。

说明你的情绪基本稳定,不过较为深沉,在考虑事情的时候过于冷静,不善于发挥自己的个性。压抑自己的自信心,办事热情忽高忽低,瞻前顾后,犹豫不决。

C. 总分41分以上。

说明你的情绪极不稳定,常常会有烦恼,让自己的情绪一直处于高度紧张与矛盾之中。

D. 总分50分以上。

这是一种十分危险的信号,请务必让心理医生进一步诊断。

第4章

与其抱怨不如改变，没摘到花朵依然可以拥有春天

生活本就充满不确定性，与其在想象中患得患失，不如有条不紊地行动起来。在现实的路上脚踏实地，按自己的节奏步步向前，才能拨开焦虑的迷雾，看见绚烂的美好。

与其抱怨，不如改变

很多人都在讨论幸福，都在寻找幸福，但是得到的人却很少。其实幸福就在我们身边，决定我们是否幸福的关键在于我们的心态，而并非我们的遭遇。有些人，一遇到不称心的事情就抱怨，让坏事变好事的可能性不大，好事变坏事的可能性倒是不小。

有两个在天津读书的大学生，相约周末到北京游玩。甲同学建议，周末可能人很多，我们还是提前买火车票吧。乙同学则认为自己去过北京很多次，也是在周末，每次去人也不少，但是每次火车都有座位，所以不用担心，不用提前买票。第二天，当两个人到了火车站买票时，却发现坐票已经售完，只有站票了。两个人只好买了站票，一路站到了北京。

当天天气很好，乙同学也做了很多规划。可是甲同学一路抱怨，说如果不是乙同学不听自己的话，就不至于一路都站着了。即便到了北京，甲同学还是一路不依不饶。乙同学本来就很疲惫，听了甲同学的抱怨，心里就更加难受了，一路上沉默不语，两个人计划好的北京之旅也在郁闷中进行，以郁闷告终了。后来，乙同学再也不愿意跟甲同学一起出去游玩了。

碰到不合自己心意的事情，尤其是在别人犯错影响了自己的情况下，很多人都习惯性地抱怨他人，表达自己的愤懑，借以推脱掉自己的责任，殊不知往往抱怨才是大煞风景的事情。就算没有买到坐票，一路站到了北京，其实一点也不影响行程和安排。甲和乙依然可以开开心心地去逛他们已经计划好要逛的地方，带着好奇与喜悦去享受游玩的乐趣。

一味的抱怨只会将原本的好心情搞坏，路上的事情已经成为过去，现在才是最好的风景。三毛说过："偶尔抱怨一次人生可能是某种情感的宣泄，也无不可，但习惯性地抱怨而不谋求改变，便是不聪明的人了。"

◀ 第4章 与其抱怨不如改变,没摘到花朵依然可以拥有春天

当怨恨之情占据我们的心灵,抱怨紧随其后的时候,不妨静下心来,站在对方的角度去想一想。抱怨除了使双方的情绪变坏之外别无用处,有时甚至会越抱怨情况就越糟糕,导致双方关系破裂或留下伤痕。因此,无论怎样比较都会发现原谅是一个有益的选择。当我们谅解他人的过错时,也释放了自己的内心,同时也赢得了对方的尊重与信任。

历史上,那些功成名就之人哪个不是受尽了委屈、吃够了苦头?但是,他们遇到困境,大多不去埋怨环境、回避现实或怪罪他人,甚至不去打击报复,即使自己有理,也不会理直气壮地得理不饶人。

北宋大文豪苏轼曾多次被他的政敌章惇迫害,一路被贬。最远的一次,被贬到了海南。当时的海南是个十分荒僻的地方,生活条件极端艰苦,瘴雨蛮风,九死一生。恶劣的气候环境,折磨、考验着苏轼的身心和意志。可是,在绝境中,他也依然云淡风轻,一笑置之。被贬海南的第三年,宋哲宗驾崩,宋徽宗赵佶继位,朝廷大赦天下,苏轼得以离开海南。天道公允,造化弄人,苏轼遇赦复官之时,正是章惇被贬流放之日。

苏轼回来后,章惇的儿子章援害怕苏轼以其父之道报复自己,于是给苏轼写了一封请求网开一面的信。苏轼在回信里写了这样一句话:"但以往者,更说何益。"是啊,已经过去的事情,再去计较又有什么用呢?苏轼非但没有报复章惇,还给他寄去药方,要他保重身体。可见苏轼的确襟怀坦荡。

> 与其抱怨,不如改变自己。世上的路有千万条,你走的每一条都可以通往你想到的地方;人生中总有太多的不公平,与其无济于事地抱怨,不如培养自己强大的力量去改变现状。

生活中总有不平事,与其抱怨,不如祝福;与其计较,不如放过。很多时候,我们用不同的心态去看待就会有不同的结果,有些事情既然已经无法挽回了,就没有必要为了一些无法挽回的事情再赔上一份好心情。

不管你此时的生活怎么样,请记住,幸福从来就没真正地离开过我们,我们没有任何理由让自己不快乐。人生的快乐取决于自己的内心,人

生的成功掌握在自己的手中。与其抱怨，不如改变。请相信，那个改变了的你，必将更加优秀。

失意时，请不要让自己变形

现实世界中没有什么化腐朽为神奇的魔法，也没有可以帮我们迅速跳出危机的超能力，更没有可以拯救我们的神队友。很多时候我们都很普通，也很平凡，人生并不会经历什么大风大浪，也不会随时具备主角光环，不过能够通过自己的不放弃和汗水获得很多东西。很少有人具备翻天覆地的能力，不过每个人在遇到打击的时候，都有让自己不变形的能力。尽量克制自己的情绪，在处于命运最低谷时，也不听天由命，不能失去自己。

相较于得意而言，那些在困难面前没能完成逆袭，但是依然能够保证自己不变形的人更加不易，因为我们的生活向来充满寥落无奈的失意，却从来少有意气风发的得意。

人的一生十有八九不如意，放眼望去，每个人几乎都有压在心底不愿诉说的痛苦。有的人疾病缠身却无钱可医，有的人家庭残缺无人可依，有的人进入职场多年却收获甚微，有的人看透了情场婚姻不易。不过当你认真观察这些人的时候，就会发现这些人虽然经历着烦恼，但也不是每天都在唉声叹气地抱怨。

你会看到，虽然艰难，虽然困苦，但大多数人都还是对生活报以微笑，不管这笑容是不是发自内心地对未来充满希望。每个人的眼神都是带有希望的，都是向前看的，他们可能暂时停滞不前，甚至有些倒退，但是他们依然善良，依然愿意相信明天，相信自己的能力足以让自己摆脱现状。

于普通人而言，脚踏实地的努力是最靠谱的改变现状的方式，比闹情

第4章 与其抱怨不如改变，没摘到花朵依然可以拥有春天

绪，比什么都不干只知道掉眼泪更加有价值。

曾经有这样一个青年，他年少辍学外出打工，好不容易用自己的努力换来了一些积蓄，娶得佳人归，岂料新婚不足半月，新娘就偷偷带着数万元的彩礼钱与满身的首饰以逛街为由一去不复返了，连新娘的父母都消失得无影无踪。青年是个憨厚老实的男子，到外面寻找了数月，也无果而终。

当时的彩礼数额很大，娶妻的时候已经花光了全家的积蓄，他也成了当地人茶余饭后的谈资，虽然表面上大家都在同情他，但是背地里所有人都把他当笑话。年迈的父母经受不住打击，一病不起，原本就已经出现危机的家庭，变得摇摇欲坠。

可是生活还要继续，并不会因为可怜他而给予他半分厚待。不管怎么样，都不气馁、不消极，是身处社会底层而忠厚朴实的人们悟出来的一套简单的生活哲学。他东拼西凑花钱买了一辆二手面包车，开始在当地跑出租，每日往返在几十里山路上，尽心尽力地挣钱养家。生意不好的时候，他就开车带着父母到山外去散心，虽然日子很平淡，但也在不知不觉中开始有了起色。

这个青年不过是一个名不见经传的农村小伙，没有太多文化知识，也没有惊人的能力，但是他有着最质朴的坚持，让自己在屋漏偏逢连夜雨的打击面前，不自我放弃，不矫情，不对未来失望，就像一只漂在海上的船，虽然失去了船桨，也不随波逐流，而是选择用自己的双手作桨，划往自己选择的方向。

如果有什么事情让你一睁眼就各种纠结、各种哀叹，不要紧，只要你还能与人为善，微笑着进入生活的一餐一饮一花一木里，你就有战胜这些困难的法宝。我们虽然只是个普通人，却都有着不普通的故事。

人们总说世事难料，老天总是会不经意间误伤好人，但是贵在人们不会为一些伤痕而斤斤计较。面对那些足可以击垮自己的事情，他们能激活自己的潜力，不让自己的悲伤情绪爆发，用一个名叫希望的胶水让可能支离破碎的现状重新变得牢固。

给心灵放个假，重新整顿自己的情绪行囊

人们在做事情之前都习惯将一切规划好，但有时候过度的规划往往会让人们的心灵受限，走上墨守成规的道路。这时，不妨用一种全新的理念更新一下自己的"数据库"，从其他方面来看问题。换个环境，换种心境，生活也可能由阴天变成万里晴空。

负面情绪像黑暗无法驱赶，唯一的应对方法就是带光进来，让黑暗的世界重见光明。心里住着太阳，走到哪里都是阳光灿烂。

弗朗西斯红着眼睛对好友说："你知道离婚最让人吃惊的是什么吗？离婚并不会要人命，但是当一个曾对你表示至死相爱的人说他从不爱你时，那会立即要人命的。"

弗朗西斯是旧金山一位知名的女作家，在事业上颇为成功，生活上却频频碰壁，遭遇了始料未及的婚变。离婚之后，弗朗西斯搬进了单身公寓，她那时的心情糟糕透了，跟刚住进的公寓的糟糕环境一样灰暗。为了帮助她走出低谷，好友给她报名了去意大利托斯卡纳的旅行。虽然弗朗西斯本人并不情愿，但是因为不好意思拒绝朋友的好意，于是就答应了下来。

> 不要让自己长期生活在紧张压抑之中，不要让自己心灵的琴弦绷得太紧。压力无处不在，但我们要学会调整和去除它，让生活重新焕发光彩与生机。

弗朗西斯来到托斯卡纳之后，马上就被这里的美景迷住了，她觉得自己仿佛进入了一个画卷之中：让人心旷神怡的大片农田，欣欣向荣的向日葵，古老的街道与砖墙，错落有致的庭院，与天际相接的花海……这里的一切都是那么美丽，让人心旷神怡。

当弗朗西斯独自走在乡间小路上的时候，被一座房屋吸引了，房屋有一个迷人的名字——巴玛苏罗，是"渴望阳光"的意思。房子有着杏黄色的外墙，稍稍有些褪色的绿色的百叶窗。露台面朝东南，顺着眼前的深谷望去，远处是山脉。房子坐落在长满了橄榄树与其他果树的山坡上，一条由白色鹅卵石铺成的石路蜿蜒而过。弗朗西斯觉得自己被唤醒了，仿佛生活的阳光照进了自己阴云密布的内心。她决定要住在这里，开启崭新的生活。

　　她买下了那座房子，并按照自己的喜好对房子重新进行了装修，结识了新的伙伴，开启了一段崭新的感情。一年之后，她回想起那段时间，她说自己原以为离婚比死亡还令人难过，如今她却发现，没有什么是跨不过去的，转换思维，找回自我，这样才能超越自我。

　　弗雷德·里克森提出了"积极情绪扩建理论"，认为积极情绪会唤醒人们一些思维上的局限性，从而产生更多的思想，表现出更多的行为与行为倾向。积极情绪能够扩大个体的行为与思想，而消极情绪会缩小个体的行为与思想。积极情绪还能缓解和消除因为消极情绪造成的紧张，从而在生理上和心理上提供正面的影响。

　　简单来讲，看待事物的眼光不同，情绪也会发生变化，积极情绪可以解放我们的内心，让我们从地狱转向天堂。

心存希望，就能配得上世上一切美好

　　心理学家哈利·爱默生·佛斯迪克博士指出："生动地把自己想象成失败者，这就足以使你不能取胜；生动地把自己想象成胜利者，将带来无法估量的成功。伟大的人生以想象中的图画——你希望成就什么样事业、做一个什么样的人——作为开端。"

　　世界由两类人构成，一类是意志坚强的人，另一类是意志薄弱的人。

前者有着与生俱来的坚强特质，不管他们做什么工作，都勇于面对困难与挑战，勇于将自己从负面情绪中拯救出来。后者在遇到困难与挫折时总是焦虑、灰心、逃避，甚至自暴自弃，整日与痛苦为伴，让自己在负面情绪中沉沦。

1976年8月26日，本·康利遭遇了他人生的第一个转折点。因为大雾的缘故，他所乘坐的小皮卡与一辆18轮的大型货车相撞。那年他刚满15岁。

那天早上，本的父亲本尼·康利二世嘱咐儿子将一些工具运到工地上去。可是本当时有些抗拒，认为明天直接带过去就可以了，没有必要跑一趟。但是本尼还是坚持让儿子将工具运到工地上去。也正是因为本尼不断的督促和小小的威胁，那天早上本和父亲工厂里的工人戴尔才会驾驶着皮卡出现在大雾弥漫的十字路口，也才会遭遇了交通意外。

本尼陷入悲伤和悔恨之中无法释怀，他一遍一遍地说："都是我的错。"他恨不得代替儿子躺在病床上。

医生诊断之后，认为本的情况是刽子手式骨折，因为受伤的地方正好是刽子手对死囚行刑时选择的下刀处，砍断后就破坏了通往肺部、心脏和其他重要器官的神经通道，囚犯会很快死去。不过，幸运的是本的脊椎并没完全断裂，所以医生认为是不完全性损伤。

虽然本并不觉得自己是幸运的，但是医生说："你还能呼吸，这就是好的迹象。"

"医生，我什么时候能走路？"本问。

"很难说。"医生回答，看到本和父亲脸上的绝望表情，他又补充说，"孩子，你听我说，你要努力康复，知道吗？如果你的脚趾能动了，我就会告诉你什么时候能下地走路。"

医生虽然给本注入了信心，但是本并没有因此而振作，后来在治疗过程中的一系列并发症更是让他对未来失去了信心。两个月以后，他依然无法动一动脖子以下的任何部位，这让他开始绝望。

一天，本的情绪终于崩溃了，他哭了起来，抽泣声越来越大，后来演

第4章 与其抱怨不如改变，没摘到花朵依然可以拥有春天

变成了大喊大叫。护士们都想安慰这个可怜的孩子，但是不管她们怎么说都无济于事。本在大喊大叫之后开始咒骂，咒骂每一个人，这种情况持续了将近四个小时，后来，为了不影响其他病人，护士关上了门，并叫来了保安。

面对保安，本大喊："掏出警棍打我啊！照我头上打！打我啊！杀了我吧！我不愿意一辈子都躺在病床上！"

保安低下头看着自己的鞋子，他也清楚本的情况，劝说道："孩子，你听我说……"

还没等保安说完，本就喊道："我知道你有枪，拔出来吧，让子弹穿过我的大脑！来啊，求你了，杀了我吧！"

前后加起来，本一共喊了将近六个小时，最后筋疲力尽晕了过去。他睡睡醒醒，哀叫不断。

第二天醒来，他眼前的一切都没有发生改变。他依然躺在同样的房间、同样的病床上，脖子以下依然瘫痪。

可是，本突然领悟到了什么，心中出现了曙光。他突然意识到，自己可能无法改变外物，但是他能够改变自己。下定决心后，平静便涌上心头。他对现状的抱怨渐渐消散，开始试着去感激周围的一切，感激自己还活着。

本仔细考虑目前的处境，选择重新开始。他想起之前几个月中经常有人说："从来没有人在遭受C2、C3脊椎损伤之后还能活下去……"

"我要证明给他们看。"本心里想，"我不仅要活下去，还要活得成功。"

原本怀着巨大内疚的父亲，看到了本的转变，心情也开始变好。

38年过去了，本不仅活了下来，还遇到了一位美丽的女人。本说："我能遇到罗温然后恋爱，对于爸爸来说意义非同一般，他按照《滚石》杂志后面的广告去做了牧师认证，亲自担任我们的主婚人！"

"我是自己见过的最快乐的人。"本如是说。

本·康利的事迹告诉我们，抱怨并不能改变什么，但是快乐能够改变

一切。与其为自己的遭遇而不断抱怨，不如换个角度去看待问题，让自己换个心情。快乐是用心去做的问题，而不是身体能不能去做的问题。只要你愿意，你配得上世上一切美好，即便没有摘到鲜花，依然可以拥有春天。

抱怨是传播霉运的病毒

抱怨是一种消极的情绪状态，常常抱怨的人往往并未意识到抱怨会带来危害。他们认为抱怨不过是几句"情绪话"，说出来心情就痛快了，既不影响工作，也不影响生活，没什么大不了的。

然而，这种爱抱怨、有抱怨习惯的人，或许连自己都未曾意识到抱怨的威力有多大。他们甚至未曾察觉到自己抱怨的频率如此之高，自己就像是一个负能量的传播者，不断将负能量传递给同事、朋友、家人。这样不仅无法让自己的情绪好转，反而会给自己的前途带来不利影响。

高中毕业之后，杰克和托尼在一个建筑工地上工作，至今已有五年。在失去了对工作的热情后，杰克开始整日抱怨，看什么都不顺眼；而托尼则每天都活得很快乐，他总能在工地上找到新的乐趣。

有一天，两人坐在一起吃午餐，杰克打开饭盒后，又开始抱怨："哎，又是鸡蛋蔬菜汉堡……我最讨厌吃这个了。"

第二天，午餐时间，杰克一边打开饭盒，一边又抱怨道："今天天气热得要命……怎么又是鸡蛋蔬菜汉堡？为什么我总要吃这么难吃的东西？"

第三天，托尼多准备了一些食物，午餐时邀请杰克一起品尝。杰克一边道谢，一边抱怨："你看，你的午饭多丰富，而我的总是这么单调。真是受够了。"

托尼终于忍不住问："嘿，老兄，为什么不让你太太给你换点花样呢？"

杰克一脸疑惑："嘿，你在说什么？我的午餐都是自己准备的！"

"啊？"托尼惊讶地说，"那你为什么不给自己做点别的呢？""唉，做别的太麻烦了。"杰克显得无可奈何。

托尼只能摇头，无言以对。此后，杰克依旧每天抱怨不断，边干活边发牢骚。而托尼则对工作中的技术问题产生了兴趣，甚至对其他环节的工作也一有空就去观摩学习。

一天，老板的朋友——一位教授来到工地考察。他与托尼和杰克交谈时问道："你们是如何看待自己的工作的？"

杰克仿佛找到了发泄的出口，一个劲地对教授说："谁不是为了挣钱才干活啊？要不是为了生存，谁愿意干这种又脏又累的活？一天下来累得要死，还挣不了多少钱！"

托尼则说："教授，您别看我们整天和钢筋水泥打交道，但您想象一下，用它们盖好的房子多漂亮啊！想到这里我就很兴奋！等它建成后，教授您可别忘了，这么漂亮的建筑是我们建成的！"

听到托尼的回答，教授笑了。后来他见到公司老板时，特意提起了托尼，说："你千万不要忽视那个叫托尼的小伙子，他适合去做更有价值的工作。"

后来的发展可想而知——托尼得到了重用，而杰克依旧做着搬砖的工作，每天抱怨连连。

当抱怨的恶习深入骨髓时，就像故事中的杰克一样，连他们自己都不知道在抱怨什么——是天气？是午餐？还是工作？他们只是将抱怨视为理所当然，未曾意识到这种做法和想法有何不妥。抱怨就是这样一种强大的"负面强化"。爱抱怨的人眼中只有负面的事物和感受，从而将自己困于"牢笼"中。如果一个人总是诉说自己的不幸，他就会逐渐失去改变现状的能力，被抱怨束缚了身心。

习惯抱怨的人往往未曾意识到，在抱怨的同时也在吸引负面事物到自己身边。如果你的思绪总是围绕着痛苦、悲惨、孤单、贫穷和倒霉展开，那么强大的"负面能量"就会将你的命运引向凄惨的结果。因为人的心灵具有如此强大的威力，所以人的抱怨也同样强大。"爱抱怨的人总是和倒霉同行"，这已成为生活中的一个常见现象，一个公认的事实。

★测一测：你会迅速转变糟糕情绪的小技巧吗？

美国心理学家总结了一套让人们快速从糟糕情绪中摆脱出来的小技巧，我们不妨学学看。

1. 抬头挺胸

在很多心理学家看来，在矫正人们的头脑之前，需要先矫正自己的姿态。人们认为，生理与心理有着密不可分的关系。比如，当我们心情低落的时候，就会显得没精打采，垂头丧气；而情绪高涨的时候，就会抬头挺胸，昂首阔步。因此，姿态对情绪的影响也至关重要。

当一个人抬头挺胸的时候，呼吸会变得比较顺畅，而深呼吸是减小压力的方法之一。当我们抬头挺胸的时候，大脑就会自动做出判断，认为人们心情愉悦，从而改变我们的情绪。

2. 用轻快的语调说话

在人际沟通中，语调至关重要。我们的声音往往也会带有情绪性，不同的语调可以传达不同的情绪和意思。比如当我们接电话的时候，大声向电话那边吼一声，可能对方还没开口，就已经感受到你的火气了。

在说话时注意说得轻快一些，并不断暗示自己是个幸福快乐的人，时间一长形成习惯了，也会改变自己的情绪。

3. 用积极正面的字眼来取代消极负面的字眼

人们所说的话，其实也极大地影响着我们的态度与情绪。通常来讲，生活中所使用的字眼分为三类：正面的、负面的和中性的。

在使用负面字眼的时候，恐慌及无助的感觉就随之而起。心理学家研究发现，乐观的人很少会去使用负面的字眼，他们常常会用正面的字眼来表达意思。比如他们不会说"有困难"，而说"有挑战"；不说"我担心"，而说"我在乎"；不说"有问题"，而说"有机会"。

感觉是否完全不同了呢？一旦开始使用正面字眼，就能激发出自己内心的积极因素，从而让自己更加主动地去面对生活。此外，乐观的人也会让一些中性的字眼变得更正面些。例如"改变"就是个中性字眼，因为改变有可能是好的，但也有可能越变越糟。试试看，如果把"我需要改变"，换成"我需要进步"，这就暗示了自己是会越变越好的，自然就乐观了起来。

4. 不抱怨，只解决问题

心理学家在研究中发现，乐观的人的烦恼要少于普通人，他们不愿意为了抱怨而浪费时间。

乐观的人不会去责怪挫折，或者抱怨自己运气太差，他们没时间去理会这些，因为他们认为不能因为抱怨耽误了自己的进步。因此我们不妨将自己注意力的焦点放在解决问题上，而不是在纠结问题上。实际的做法，应是闭口不提"为什么总是我"，而用另一句话来代替——"现在该怎么办会更好"。

在面对不如意的事时，只要改变这一个重要的思考点，你会发觉自己的挫折忍受力将大为增强，自己也会更容易从逆境中走出来，回归幸福。

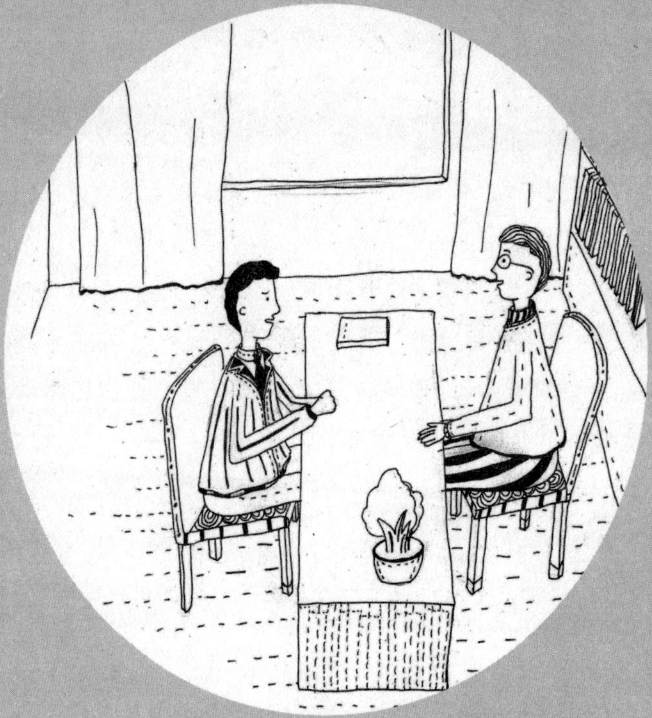

第5章

拥抱不完美，
在真实的自我中感受美好

伏尔泰说："完美是优秀的敌人。"我们在生活中，追求卓越没有错，但是苛求完美就会带来麻烦，不仅消耗精力，也会浪费时间。要知道，当追求完美成为一种压力和焦虑的源泉时，它就开始变成了成功的"敌人"。

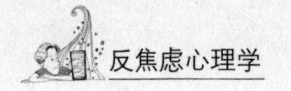

因为不完美，才有了否极泰来的感动

人生就是一场盛大的舞台剧，没有人能够将自己的角色演绎得毫无瑕疵。当我们面对生活留给我们的伤痕的时候，我们要做的不是嫌弃，也不是自怜，而是接受。一个故事总要留点遗憾，才能让人麻木的神经重新恢复生气；时间染上了一些风霜，我们才能够体会阳光普照的美好。

"当命运的绳索无情地缚住双臂，当别人的目光叹息生命的悲哀，他依然固执地为梦想插上翅膀，用双脚在琴键上写下：相信自己。那变幻的旋律，正是他努力飞翔的轨迹。"这是感动中国人物颁奖典礼上的一段颁奖词。而说这段颁奖词的人，叫刘伟。

几年前有个叫作《中国达人秀》的节目，会选出一些人，让他们在这个舞台上秀出自己的才艺，优秀的人会得到观众的欢呼声！在节目上，刘伟成了首届冠军。他曾在舞台上骄傲地说出："我的人生只有两条路，要么赶紧死，要么精彩地活着！"

刘伟的人生经历十分曲折。10岁那年，他在一次触电事故中失去了双臂。这样的事故对刘伟而言，无疑是一个巨大的打击。但刘伟并没有就此消沉，他坦然地接受了这个残酷的现实，并且凭借自己对生活的热爱，认真地活着。

12岁的时候，他开始学习游泳，仅通过两年的学习，他就在全国残疾人游泳锦标赛上获得了两金一银的好成绩。当时他心心念念想要在2008年的残奥会上拿一枚金牌回来。可是天有不测风云，一场大病让他跟泳坛无缘。16岁那年，他开始尝试用脚打字。19岁那年，他找到了新的目标——钢琴。他开始疯狂地练习钢琴，仅用一年时间就达到了手弹钢琴业余4级的水平。2006年的时候，他加入了北京残疾人艺术团，开始自己填词编曲。2008年,他作为特邀嘉宾在"唱响奥运"节目中为刘德华伴奏。2010年,他报名参加了"快乐男声"。2012年2月3日,他成为感动中国十大人物获奖者并获得"隐形翅膀"的称号……

在《中国达人秀》的舞台上,当袖管空空的刘伟走上舞台的那一刻,所有人都愣住了,不知道他要干什么。当他用脚在琴键上灵活地弹奏,优美的旋律从钢琴上流出的时候,现场一片安静,人们都不敢相信自己所看到的、听到的。表演完之后,人们才醒过神来,所有人都站起来向他鼓掌致敬。刘伟凭借自己超凡的毅力,将残缺的生命演绎到了极致。

接受自己的不完美,利用好现在所拥有的去缔造只属于自己的传奇,即便上天并没有给我们那么完美的条件。一切正如刘伟所言:"你的看不起,你的歧视,对我来说,是另一种成全。我告诉自己,我还是值得拥有最好的一切。"

有时候面对自己,往往比面对他人更难一些,我们可以对全世界明目张胆地虚伪,但是当我们独自面对自己的时候,却只有无法逃避的真实。每个人都不够完美,只是有些人能够坦然面对,有些人则反应焦虑,自怨自艾,将自己藏在了最阴暗的地方,难见天日。那种麻木而颓废的生活显然并不是我们想要的,我们要学会勇敢面对真实的自己,敞开心胸接纳不完美的自己。

在寂寞的时候,要给自己取暖;在软弱的时候,要给自己安慰;在得意的时候,要给自己警醒;在失意的时候,要给自己肯定……跟那个彷徨无措的自己说再见,用赞赏的眼光看待自己,让自己的价值得到最大的释放,这才是你生活在这个世上的最好方式。

驱除自我否定的负面情绪

斯曼莱恩·布兰顿博士在其著作《爱，或者寂灭》中写道："适度的自爱，是一个人健康的反应；适度的自重，对工作和成功都将大有裨益。"缺乏对自己价值的认可，我们就会轻视自己。每个人都有昂首挺胸过日子的权利，这是一个生命个体应得的，也是一个人提升自我与增加自信所必备的，只有爱自己的人才能让自己的生活越发地充实与丰盈起来。

有人一碰到事情就会习惯性地逃避，将"我不能""我不行"作为口头禅，如此一来就越发不自信，越来越否认自己的能力。世上没有十全十美的人，也没有一无是处的人，自我否定是一种愚蠢的行为。

心理暗示有着极强的影响力，人们如果总是自我否定，那么就会不断传递消极信号，意识就会按照这个指示下命令，而人的潜意识就会不加分辨地将这个命令完全接受下来。

19世纪，一个穷困潦倒的法国年轻人从乡下流浪到了巴黎，准备去投靠父亲的一位好友。他希望对方能够给自己介绍一份工作，以便自己能够生存下去。

在简短的问候过后，父亲的朋友就问道："你有什么特长吗？精通数学吗？"年轻人摇了摇头。

"那历史、地理如何？"年轻人又摇了摇头。

"法律或者其他科目呢？"年轻人不好意思地低下了头。

"会计怎么样……"

面对一连串的询问，年轻人都是以摇头或者低头来作答，他用自己的举动告诉对方一个信息，那就是"自己一无是处"。不过父亲的朋友显然并没有因此而失去耐心，最后说道："那你把地址写下来给我吧，你毕竟

第5章 拥抱不完美，在真实的自我中感受美好

是我好友的儿子，我一定会尽力帮你找一份工作的。"

羞愧至极的年轻人，打算尽快将地址写好，然后迅速逃离这个让他感到羞耻的地方。然而当他把地址交给对方打算离开的时候，却被对方拦了下来："年轻人，你的字写得真漂亮，这就是你的优点啊，你完全可以靠着这个找到一份满意的工作。"听到这里，年轻人满脸疑惑，不过他从对方的眼神中读出了认真与欣赏。

在返回住处的路上，年轻人一直在回想当时的场景，自己写的字居然得到了别人的称赞，说明自己并非一无是处。既然自己能够写出漂亮的字，那么也一定能够写出漂亮的文章。受到肯定与鼓励之后，他开始浮想联翩，越想越觉得自己前途无量，走着走着脚步都自信起来。

从那之后，年轻人开始抓紧时间自学，坚持写作。多年之后，这个原本觉得自己一无是处的年轻人成了一名享誉全球的著名作家，他就是法国文豪大仲马。

很多人总是对自己的能力持怀疑态度，他们认识不到自己的优势，就像大仲马一样，很长一段时期总觉得自己一无是处。其实他们并不是没有能力，也不是素养不足，只是他们的才能被自我否定的负面情绪压制，以至于自己都没有意识到自己的能力。

> 如果一个人长期被自我否定的负面情绪所包裹，那么他的工作状态就会越来越糟糕。要知道，自我否定不是一种健康积极的情绪状态，它会影响我们的生活和工作，让我们产生交际障碍，所以必须克服。

如果长期处于一种自我否定的负面情绪之中，就等于给自己套上了无形的枷锁，束缚了自己前行的步伐。从心理学角度分析，过度的自我否定是一种自卑的表现。那些说自己什么都做不好的人往往无法出色地完成某件事，过度的自我否定让他们常常妄自菲薄，制约了自己能力的发挥。

客观正确地评价自己，看到自己的优点，你就会发现在自信的阳光下生活是多么快乐。

自卑是悲剧产生的根源

　　自卑是人人都可能会产生的消极情绪，一旦被自卑缠上，人们会觉得自己事事不如人，自惭形秽，妄自菲薄，做事束手束脚，才智与能力也无法得到正常发挥。自卑是堵墙，把阳光挡在了墙的外面。自卑在心里扎了根，自己又没有勇气承受将自卑连根拔起的那种痛，于是遮遮掩掩地继续自卑着，你也越来越可怜。

　　威尔逊先生是一位成功的投资人，他从普通的小职员做起，经过多年的打拼，如今已经拥有了自己的公司，受到了人们的尊敬。

　　有一天，威尔逊先生打算到合作对象那里去拜访，刚走出办公楼，就听到身后传来"哒哒哒"的声音，那是视力有障碍的人用竹竿敲打地面所发出来的声音。威尔逊停住了脚步，慢慢朝着声音发出的方向转过身去。

　　那视力有障碍的人感觉前面有人，赶紧打起精神，走上前说："尊敬的先生，想必您一定发现了，没错，我是一个可怜的看不到光明的人，不知道现在能不能占用您一些时间呢？"威尔逊听后，说："现在我要去见一位重要的客户，你要说什么就尽快说吧！"那人便从包里翻腾了半天，掏出了一个打火机，摸索着放到了威尔逊先生的手里，说："先生，这个打火机只卖1美元，这可是一个不错的打火机啊。"威尔逊先生听完，有些失望地叹了口气，将手伸到了西装口袋里，掏出了一张钞票递给了那人，说："虽然我并不抽烟，但是我愿意帮助你。这个打火机，我可以送给我的秘书。"那人用手摸了一下递过来的钱，竟然是100美元。他有些不敢相信，反复确认之后，嘴里不断向威尔逊道谢说："老天保佑您，亲爱的先生。您是我遇到的最慷慨的先生。"

　　威尔逊笑了笑，正准备离开，那人又拉住了他，喋喋不休地开始讲述起来："可能您不知道，我并非天生就是瞎的，都是 20 多年前的那次事故，让我沦落至此。"威尔逊先生一震，问道："你说的可是 23 年前那次化工厂的爆炸事件？"那人觉得遇到了知音，连连点头说："对对对，您也知道这个事故？也难怪，当年死伤了那么多人，我现在想起那次事故，还心有余悸呢！"

那人听威尔逊先生来了兴趣，觉得这是一次打动对方的好机会，说不定还能多得一些钱呢，于是接着可怜巴巴地说道："就是因为那次事故啊，害得我双目失明，不得不到处流浪，孤苦伶仃，上顿吃完没有下顿，估计就算是死掉也没人发现。"他越说越激动："您可能不知道当时的情况，火一下子就冒上来了，仿佛是从地狱里冒出来的。人们都乱作一团，都挤在了门口。不知是谁把我推倒了，踩着我的身体跑了出去。我随即失去了知觉，等我醒来，就变成了瞎子，命运是多么不公平啊！"

威尔逊先生冷冷地说道："恐怕事实并非如此吧，您是不是记忆出了错？"那人听后心虚地低下了头。威尔逊先生说："当时我也是那家化工厂的工人，是你从我身上踏过去的。你说话的口音，我至今都还记得。"那人听了威尔逊先生的话，突然大笑起来，说："这就是命运啊！这是上帝对我的惩罚啊！你在里面，却毫发无损，还有了成功的事业，而我跑了出去，却成了一个可怜的瞎子！"威尔逊先生不紧不慢地说道："你可能不知道，我也是个瞎子。那场爆炸，不仅夺走了我的一只眼睛，还夺走了我的一条腿。你相信命运，可我不相信。"说完，他就拄着手杖，一瘸一拐地走远了。

从上面的故事不难看出，就算是同为视力有障碍的人，有的出人头地，有的却只能以乞讨为生，靠着博取人们的同情过一生。造成这一差别的原因，就在于是否会控制自己的自卑情绪。面对命运的不公，自卑的人习惯性地屈从于命运，这样的人从来没有意识到，揭开伤口的人不是别人正是自己，他一遍一遍揭开自己的伤口给别人看，企图得到别人的怜悯，却从未想过站起来的一天。

俗话说，尺有所短，寸有所长。每个人都是老天的宠儿，每个人都是无法复制,也无法替代的。不管是谁,都没必要妄自菲薄,更不用因为自卑而自暴自弃。

你不了解自己,拿什么谈改变

真正的改变,从认识自己开始。我们的心灵深处都藏着一些不愿意示人的特质,这些特质往往都是负面的、消极的,包括愤怒、自私、浮躁、脆弱……这些特质被我们掩饰和压制着。不过这些消极的特质并不会因为我们的否定而消失,它们会在潜意识里隐藏起来,悄悄地影响着我们对自己的认同感。

约翰·威尔伍德在《爱与觉醒》一书中,将人的内心比作一座城堡,里面有无数个房间,每个房间代表着一种特质。小时候,这些房间都是完美的,因此你肆无忌惮地进入每一个房间;而长大之后,有人告诉你应该将不完美的房间锁起来,你照办了。后来越来越多的人开始造访你的城堡,那些不完美的房间越来越多,你锁上的门也越来越多。

随着时间的推移,你再也无法像小时候那样随意地进出每个房间,因为你觉得有些房间太恐怖了,里面满是灰尘,应该尽快锁起来。其实,面对那些不完美的房间,我们应该做的,并非将其锁上,而是勇敢地进入那些房间,打扫它们、整理它们。正视这些不完美的房间的存在,这样我们才能拥有一个完整的城堡,得到一个完整的自己。

诗人罗伯特·布莱将这些隐藏的消极特质形容为"每个人背上负着的隐形包袱"。多数人都对自己心里的阴暗面避之唯恐不及,其实只有正视了自己的阴暗面,接纳了自己的不完美,才能找回完整的自己。

认识自己,先从了解自己的内心开始,那么如何去了解自己的内心呢?

1. 从别人的身上找自己的影子

很多时候,别人就是我们自己的镜子,我们往往能够从别人的身上发现自己的影子。比如你走在街上发现一个女人正在口头教育她的孩子,你觉得这个女人太粗鲁了,自己绝对不会像她那样对待孩子。可是你有没有想过,如果自己的孩子不小心将冰激凌抹到了你刚买的一条昂贵的新裙子上时,你是什么反应。你很可能会暴跳如雷,甚至比这个女人更加愤怒。当你发现自己对某些人的某些特质特别敏感的时候,就应当注意了,你可以以此为契机,找到自己内心被你隐藏或者排斥的特质。

2. 揭露自己的消极特质

如果我们很难对自己进行判断,不如鼓起勇气向身边的人询问对你的真实看法。诚然,这并不是一件很容易办到的事情,因为很多人在挖掘自己所压抑的消极特质的时候,会产生一些情感波动。另外,因为社会交际的关系,有些人并不会坦诚地将你不完美的那些地方指出来。

你可以采取这样的方法:将你欣赏的人与厌恶的人分别罗列出来,并在每个人后面加上他们所对应的特质,最后在另一张纸上将你所有的积极特质与消极特质罗列出来。比如:

欣赏的人
钱学森　　　　　　有远见、有知识、敢于挑战
居里夫人　　　　　乐观、谦虚、淡泊名利
奥黛丽·赫本　　　坚强、美丽、有爱心、优雅
厌恶的人
希特勒　　　　　　邪恶、阴险、凶残、种族歧视
葛朗台(《欧也妮·葛朗台》中的人物)　贪婪、吝啬、狡猾
我的积极特质
正直、谦虚、乐观、淡泊名利、温柔、富有创造力、吃苦耐劳
我的消极特质
优柔寡断、缺少爱心、自私、没有毅力、目中无人、吝啬

从这样一份列表之中,你会很容易发现自己隐藏的特质。对每一种特质进行分析,你会发现,你也许跟那些你过去认为毫不相同的人有着相同

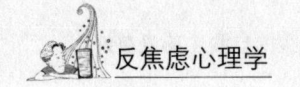

的特质。通过这种方式，你能发现你灵魂深处不完美的地方。

极力去压抑和隐藏自己的消极特质是一件很累人的事情，只有发觉了自己的不完美，承认这些消极特质，才能让你认识到最真实、最完整的自己。也只有这样才能不断地完善自己，因为发现黑暗的地方，你才会点亮一束光。

不必自暴自弃，缺陷是因为老天嫉妒你的美好

每个人都是老天咬过一口的苹果，虽然看上去有着不同的缺点，但是没有必要因此感到自卑和彷徨。世上没有完美无缺的人，也没有一无是处的人。只要调整好自己的心态，整理好自己的情绪，从乐观的角度出发，就能够从残缺中发现美好。

在比利时有一个叫作夏查·范洛的盲人，他一出生就看不到这个世界，只能凭借听力去辨别方向，躲避危险。为此，他感到十分不公，认为是老天在惩罚自己。

他讨厌过马路，因为经常会撞到人，或者被人撞到，这让他伤痕累累。直到17岁那年，他跟一辆响着铃的自行车相撞。

骑自行车的女孩非常生气，冲戴着墨镜的他大声质问："你为什么要故意撞倒我，是个瞎子吗？"听到这话，忍着身上的疼，他生气地说："对，我就是个瞎子，怎么样？"

"我铃按得那么响，耳朵不会听吗？"女孩丢下这一句话，将自行车扶起来生气地离开了。听到女孩的话，范洛反而不生气了，他站在原地，脑海里不停地回放着女孩的那句话，才突然想到自己的耳朵。是啊，就算没有了眼睛，我还有耳朵。虽然这是老天赐予他的和别人一样的礼物，却很特别。因为，他的耳朵不仅是用来听的，还能代替眼睛，去感受这个世界。

从那之后，范洛想开了。他不再用一种讨厌的心理去看待这个世界，不再自寻烦恼，不再自暴自弃。他开始锻炼自己的听力，不管吃了多少苦，流了多少汗，他都没有放弃过。后来，他练就了敏锐的听力，被特招入了警队。

他能够精准地听出很多声音。比如从电话里传来的嘈杂声中精准地判断出嫌疑人驾驶的是一辆什么型号的汽车；从嫌疑人打电话时拨出的不同号码的按键声中辨别出电话号码等。

另外，由于听力超群，他可以精准地分辨出不同语言发音的细微差异，这让他成了一个优秀的语言学家和训练有素的翻译。可以说，他的大脑就像是一个录音机，可以记录各种口音，正是这种语言能力让他成了与恐怖分子谈判的重要人才。

他从警的时间并不长，但是凭借听力的优势，多次立下大功，成了比利时警界里"失明的福尔摩斯"。

范洛从不忌讳别人说自己是个"瞎子"，他常说："如果我能看到光明，那我现在可能只是一个平庸的人。正因为我看不见，我才会专心致志地去听，结果我听到了别人无法听到的声音。"

老天给每个人都派发了一个苹果，并在这些苹果上咬了一口。虽然苹果并不完整，但是有的人依然将它看成是上天的恩赐。或许有些苹果上的缺口让你苦不堪言，深感痛苦与忧伤，觉得自己做什么事情都力不从心，觉得自己受尽委屈，甚至开始自卑，认为自己就是烂泥扶不上墙。但是就像一句名言所说，"冠军的桂冠从来都是用荆棘编成的"，真正的苦难会使人变得冷静而深沉，并一步步走向成熟。有了苦难，人生的价值才会得以体现。记得随时调整自己的情绪，不要让自暴自弃控制你，抱怨给你带不来什么好处，只会让你越来越痛苦。老天从你身上夺走了什么，一定会以另外的一种形式还回来。静下心来想一想，就会懂得缺陷、弱点不过是另一种形式的恩赐。

★测一测：你有自卑心理吗？

有没有想过是什么让你产生自卑感呢？这项测试会为你的自卑心理加以分析和量化。

1. 你觉得你的个头与周围的人相比如何？
   A. 比大多数人低。　（5分）
   B. 差不多。　　　　（3分）
   C. 挺高的。　　　　（1分）

2. 每次对着镜中的自己，你心里最先想到的是什么？
   A. 毫不在意、无所谓。　（1分）
   B. 精心修饰一下。　　　（3分）
   C. 真希望再好看点。　　（5分）

3. 看到刚刚给你的画像，你心里是怎么想的？
   A. 不满意。　（5分）
   B. 差不多。　（3分）
   C. 很漂亮。　（1分）

4. 你担心再过很多年之后，自己会因某件事而过于忧虑吗？
   A. 常有。　　　（5分）
   B. 一点没有。　（1分）
   C. 偶尔会有。　（3分）

5. 身边的朋友对你表示喜欢和尊敬吗？
   A. 我很受欢迎。　（1分）
   B. 我不受欢迎。　（5分）
   C. 一般化。　　　（3分）

6. 你被批改过的工作方案到手后,你的同事想看怎么办?

A. 放包里不让看。 (5分)

B. 让他们去看。 (1分)

C. 把错误处隐藏。 (3分)

7. 你有过对某件事情决不能输给其他人的想法吗?

A. 从来没有。 (5分)

B. 偶尔会有。 (3分)

C. 经常会有。 (1分)

8. 碰到让你烦心的人或事时,你会怎么办?

A. 非常难受,无以排解。 (5分)

B. 借酒消愁。 (3分)

C. 向家人朋友诉说。 (1分)

9. 被异性朋友认为是"很没有意思的人"或者"很笨"时,你会如何处理?

A. 心中感到很难受。 (5分)

B. 用同样的言语回敬他。 (3分)

C. 无所谓。 (1分)

10. 如果你周围的朋友正在说你欣赏的一位异性的坏话时,你会怎么样?

A. 当即反驳:"这是不可能的。" (1分)

B. 怀疑是不是真的。 (5分)

C. 不管别人怎么说,与我无关。 (3分)

11. 尽管你非常努力,但你在工作上还是赶不上你的同事,你会怎样呢?

A. 感到自己实力不够,承认不足。 (5分)

B. 从其他方面超过他。 (3分)

C. 不服气,仍继续努力。 (1分)

答案分析：

你的总分 _____ 。

A. 总分在 42～55 分。

你很自卑，而这种自卑感大部分来自你的性格而非你的个人能力，由于自卑，你易用消极悲观的眼光看任何事物，不管与人交往还是工作。

B. 总分 28～41 分。

你有一定的自卑心理，你在从事某一项工作前，总是觉得自己这不行那不行，这会让你产生一定的焦虑和担心。你的自卑主要因为是对自己及周围人缺乏了解。

C. 总分 14～27 分。

你略有自卑感，你的自卑是由于你给自己设定的目标过高，对自己的要求过于严格。你不满现状，想出人头地，你总是习惯与人论个短长，稍有不如意就陷入自卑中不能摆脱。

D. 总分 11～13 分。

你只是偶有轻微自卑心理，而且隐藏得很深，不易感觉到。

第6章

不是世间太喧嚣，而是你内心太浮躁

一口井，经过暴风雨的洗礼，井水依然清澈，是因为它知道如何沉淀。生命如水，就要学会沉淀。不管外面多喧闹，沉淀必能使浮躁的心安静下来。

容颜的宿敌，除了岁月外，还有焦虑

拥有迷人的外貌是很多人的梦想，这个梦想不分性别、不分年龄，几乎每个人都这么期望过。人们一直认为岁月是毁掉容颜的第一大宿敌，却往往忽略另一个影响容颜的重要因素，那就是情绪。

好莱坞女明星曼尔·奥勃朗从很早就明白忧虑会严重摧毁她在电影发展事业上的重要资本——美貌。

她曾经讲述过自己的一段经历：她在刚刚步入影坛的时候，就像一个突然闯入人类世界的小怪兽，又惊慌又害怕。那时候，她刚刚从印度回来，在伦敦没有一个熟人。她见了几个制片人，但是没人愿意聘用她。后来，她的积蓄也慢慢花光了。有两个星期，她只能靠一些饼干与水来充饥。当时她内心恐惧极了，还常常要忍受饥肠辘辘的感觉。她的意志也开始慢慢瓦解。她会对自己说："也许你太傻了，也许你永远也不可能闯进电影界。你没有经验，没演过戏。除了一张漂亮的脸蛋外，你还有些什么呢？"

她站在镜子面前，开始认真观察镜子里面的自己，这时候她才发现忧虑已经慢慢毁掉了她的容貌！眼角有了皱纹，一脸忧愁，她马上对自己说："你必须立即停止忧虑，你唯一的本钱就是容貌了，而忧虑会毁掉它的。"

忧虑是促使容颜衰老的催化剂，没有什么会比忧虑让一个女人老得更快了。忧虑情绪会在不知不觉中控制我们的表情，让我们变得咬牙切齿，愁眉苦脸，头发灰白，甚至会让你脸上出现让你心烦的雀斑、溃烂与粉刺等。

在现实生活中，我们常常会看到这样一种现象：经历了一些打击的人，往往会神情憔悴，好像一下子就老了好几岁。这正是由于焦虑情绪的困扰，让他们的身体和容貌发生了变化。而有些人一旦远离了焦虑情绪，容貌也会随之变好。比如一位皮肤粗糙不堪的女性，在某次人事调动之后，突然间仿佛全身的毒素都排出了，肌肤变得光洁娇嫩起来，发生了质的变化。

日本一名知名的女性心理专家曾经说过："我觉得化妆品不只是擦在肌肤上的东西，它更应该是擦拭在精神上的东西。我们经常说使用化妆品后人会变得心情舒畅，其实它还从更深层次上减轻了女性的精神苦痛。"

焦虑会腐蚀你的青春，是容貌的最大克星，拥有一份好心情就是最好的天然化妆品。如果你不想让你的眼睛周围那些皮肤特别薄的地方过早出现皱纹，请及时摆脱焦虑吧！

用忙碌将焦虑从心中删除

焦虑是一种极为缠人的情绪，一旦沾染上了就很难摆脱，而消除焦虑的最好方法就是让自己忙碌起来，做一些有意义的事情。当你把所有的心思都放在忙碌的事情上时，也就没有时间去担心这、担心那了。

道格拉斯曾有一段时间一直沉浸在悲伤的情绪之中。他在短时间内，遭遇了两次重创。第一次是他十分疼爱的5岁小女儿突然因病去世，这让他跟妻子难以接受。10个月之后，他们又有了一个女儿，这原本是件让人高兴的事情，但是女儿只来到世上5天也去世了。接二连三的打击让他痛不欲生。

那段时间，他茶饭不思，无法休息或放松，精神完全垮掉了。在医生的建议下，他开始服药治疗，但是治标不治本。他觉得自己的身体就像是被夹在一把硕大的钳子里，而这把钳子越夹越紧。这种悲伤对他身心的摧残，旁人是很难体会到的。

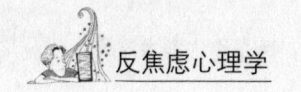

不过，幸亏他并没有完全被老天所遗弃。他还有一个 4 岁的儿子，也正是儿子帮助他走出了那段伤心的日子。

一天下午，道格拉斯一个人坐在沙发上为自己的生活悲伤难过的时候，儿子突然跑过来问他："爸爸，你能不能给我造一只小船？"道格拉斯对造船真的没有什么兴趣，事实上他对生活中的任何一件事都失去了兴趣。但是小家伙很缠人，无奈之下，道格拉斯只好满足小家伙的要求，答应给他做一条船。

做那条玩具船，整整花费了道格拉斯 3 个小时的时间，等到他将做好的船交到儿子手上的时候，他才猛然惊觉，在造船的 3 个小时里，他过得是那么平静且轻松。

几个月以来，他第一次面对自己生活中出现的问题。他发现，当自己专心致志地工作的时候，就根本没有时间忧虑了。于是，他准备用工作填满自己的时间。

第二天晚上，他巡视了家里每一个房间，将该做的事情列了一张清单。家里有很多东西需要维修：楼梯、窗帘、门把手、门锁、漏水的龙头等。在短短几天的时间里，他罗列出了 200 多件需要处理的事情。

两年过后，清单上的事情基本都处理完了。他又开始充实自己的生活内容，参加各种有意义的社会活动。如今他的生活十分充实，再也没时间忧虑了。

"没有时间忧虑"正是丘吉尔在第二次世界大战战事最紧张的关头说的话，那时候他每天都需要工作 18 个小时之久。有人曾经问他是否会因为担负着如此重大的责任而感到忧虑，他回答说："我实在是太忙了，以至于我没有时间忧虑。"

为什么忙碌能够将忧虑从心中删除呢？心理学中有一个最基本的原则：一心不能二用。也就是说，不管是多么聪明的一个人，都不可能在同一时间去考虑两件不同的事情。人的情感就是这样，不可能一边兴奋地去考虑一件开心的事情，又同时对另外一件事情充满忧虑。

正如作家丁尔生在最好的朋友亚瑟·哈兰去世的时候所说的："我一

定要让自己沉浸在工作中，否则我就会因绝望而烦恼。"

对于大多数人而言，当他们专心于自己的工作并忙得团团转的时候，精神往往是不会出现太大问题的。但是一旦闲下来，可以自由支配时间之后，忧虑这个小恶魔就会乘机而入，开始将你空下来的大脑填满。而填进去的往往都是一些杂乱无章的情绪，比如我们会开始想："今天出门有没有关窗户啊，万一下雨怎么办……"

如果我们不让自己保持忙碌的状态，总是发呆，那么就会胡思乱想。它们会一点点将我们引入偏向负面的臆想之中，一点点蚕食我们的人生。

因此，当你感到忧虑的时候，不妨让自己动起来。人一动起来，血液就会加速流动，思维也开始变得敏锐起来，还有什么是比忙碌更便宜、疗效更好的治疗忧虑的特效药呢？

为琐事牵肠挂肚，是因为你没经历过大事

有时候，我们可以在面对岁月里的狂风暴雨、电闪雷鸣的侵袭时从容淡定，可在面对一些不起眼的小事时总是焦头烂额。

曾经发生过一件极具戏剧性的故事，故事的主人公是来自新泽西州的罗勒·摩尔。

1945年3月，罗勒·摩尔在中南半岛附近84米深的海下，经历了一场生死考验。当时，他在一艘名叫贝耶号的潜水艇上，里面共有88位船员。他们的雷达显示发现了一支日军舰队——一艘驱逐护航舰、一艘油轮和一艘布雷舰正朝着他们驶来。当时正值黎明时分，潜水艇开始上浮寻找进攻时机。罗勒·摩尔向驱逐舰发射了三枚鱼雷，但是都没有命中目标。驱逐舰看上去并没有发现自己正在遭受攻击，依然平稳地向前行驶。就在罗勒·摩尔所在的军队准备有计划地对航行在最后的布雷舰发起攻击的时候，它却突然掉过头来，径直朝贝耶号行驶过来。原来，当时日军的一架飞机

已经发现了藏在海面下 18 米处的潜水艇,并用无线电通知了那艘布雷舰。贝耶号紧急下潜到了 46 米深的地方,以免被敌方侦察到,同时做好应付深水炸弹的准备。他们紧急关闭了所有的舱盖,为了防止潜水艇发出声响,甚至将电扇、冷却系统和电动机都关掉了。

3 分钟后,天崩地裂,贝耶号开始遭受深水炸弹的攻击。如果深水炸弹在距离潜水艇不到 5 米的距离之内爆炸,潜水艇就会被炸出一个洞来。所有人都被命令躺在自己床上保持镇定。罗勒·摩尔被吓得无法呼吸,他不停地对自己说:"这下死定了。"电扇和冷却系统全部关闭之后,温度迅速升高,可他却怕得浑身发冷。15 个小时之后,敌方才停止攻击,因为他们用完了所有的深水炸弹。

在被攻击的 15 个小时里,罗勒·摩尔开始回想自己过去的生活,想起了自己曾经担心过的那些无聊的琐事。

在他参加海军前,曾经做过银行职员,那时他总觉得工作时间太长、薪水又不多,因此,总是忧虑不已。他很讨厌银行的老板,因为对方总是会挑他毛病。他曾担忧没有钱买自己的房子,没有钱买车,没有钱给妻子买时髦的衣服。下班之后,当他拖着疲倦的身体回家的时候,还经常会为了一些无关紧要的小事跟妻子争吵不已。他会为了身上的一处小伤口而发愁。

当年那些让他苦恼不已的事情,如今在深水炸弹威胁生命的时候,都显得那么微不足道了。他对自己发誓,只要能活着离开潜水艇,他永远都不会为小事而忧愁。他觉得这 15 个小时里学到的东西,比自己上了那么多年学学到的东西都多得多。

"世上本无事,庸人自扰之",我们有时候总是过于看重琐碎小事带来的负面影响,让它们把自己弄得烦躁不已,整个人都十分沮丧。其实,这一切都是因为我们夸大了那些小事的重要性。英国的迪斯雷利首相曾说过:"生命太短促了,不要再只顾小事了。"

因此,在忧虑毁了你之前,请先改掉忧虑的习惯,不要让自己因为生活中的那些琐碎的小事而烦恼,因为生命太短暂了。

虽有焦虑，但无困境

人总要面临一些莫名的焦虑，比如在高考前夕，我们会焦虑，因为差一分可能就让你与自己理想中的大学失之交臂；大学快毕业的时候，我们有焦虑，不知要继续考研还是就业。

其实生命是一个不断积累的过程，绝不会由于一件事而毁掉一个人的一生，也不会因为一件事而让一个人一生高枕无忧。如果我们能够看清这个事实，就能够对很多所谓的关乎人一生的重大决策淡然处之，不再焦虑。

嫣安学习优秀，一直是老师和家长眼中能够考入重点大学的种子选手。考试临近，她却开始焦躁不安起来，每当有考试，她总是莫名其妙地拉肚子。

事情起于高三上学期的期末考。在考试的前一天，嫣安就出现了拉肚子的状况，甚至连期末考都没能参加。当时以为是吃坏了肚子，在医院里输了液就好了，父母也没放在心上。

进入高三下学期之后，每月都有月考。在下学期的第一次月考的前一天，嫣安又开始拉肚子，只好去医院就诊，还特意做了一次全身体检，但是并没有发现什么问题。同样的情况在第二次月考的时候又出现了，嫣安的父母觉得情况不太正常，就去学校找班主任了解情况。

班主任说，嫣安在学校表现得很正常，老师也不明白到底哪里出了问题，觉得可能是因为嫣安给自己的压力过大。经过跟老师的沟通，家长也认为可能是平时自己给孩子的压力过大，而嫣安自己的要求又很高，所以造成了考前焦虑。从此之后，父母开始注意不给孩子过大的压力，嫣安在考前焦虑的情况也减轻了不少。两个月之后就恢复正常了。

有时人们常常会将一时际遇中的小差别放大到生死攸关的地步，从而把自己逼进一个死胡同里。世界上没有那么多绝对的事情，一个人可能在升学过程中遭遇困境，事业上却能够获得成功。有能力的人，并不会因为没上一所好学校而埋没了自己的才华，他终究能够找到适合自己表现的舞台。福祸如何，没人能够全部知晓，我们又有什么好得意的，又有什么好忧虑的呢？人生的得与失，谁也说不清楚，所以重要的不是去跟别人较量高低，而是努力去做自己想要做的事情。功不唐捐，最后你该得到的不会少一分，不该得到的也不会多一分。你一直怀着这样的信念，又有什么可焦虑的呢？

★测一测：那些年我们对情绪的错误解读

误解一，任何情况下都有一个正确的情绪去应对。

首先我们必须纠正的是情绪并没有对错之分，然后要说的是每个人对不同的情况有着不同的评判标准，看世界的角度也就有所不同。不同的人在遇到同样的情况时也会表现出不同的情绪，就算表现出的情绪是相同的，在程度上也有着很大的差异。没有一种情绪是可以适用于任何情况的。

误解二，当我展现出自己不高兴时，会显得我很弱。

情绪的表现跟人的能力强弱没有关系。每个人都会产生负面情绪，而将负面情绪表现出来，只会传达一个信息：这件事让我很困扰。

误解三，有些情绪是毫无用处的。

所有情绪都会给我们提供一些有用的信息，在这些情绪的帮助下，我们才能了解自己的喜好，更好地跟他人沟通。

误解四，一旦有人不认同我的情绪，就说明我错了。

就像第一条所说的，情绪没有对错之分，每个人对同样一件事的感觉是不同的。因此，没人能够评判情绪。如果你的感觉就是如此，又何必去在意别人怎么说呢!

误解五，旁观者清，其他人才能看清我们的情绪。

周围的人看到的只是你的行动与表现，他们并不知晓你的内心感受，因此，最了解你的人还是你自己。

误解六，所有让人感到焦虑痛苦的情绪都应该被忽视。

让人感到痛苦的情绪确实让人觉得难以忍受，因为这样的情绪往往会在心里留下比较明显的伤痕，而且这样的伤痕是需要被治愈的。如果我们故意去忽视它，这种痛苦的情绪将会给我们的心理带来更加长久的、挥之不去的伤害。

误解七，如果我不做什么，负面情绪就会变得越来越强烈。

情绪并不会一直增加强度，往往只会像抛物线一样，到达顶峰以后，慢慢地降下来。

误解八，负面情绪是坏的，带有破坏性的。

情绪并不会带有破坏性，带有破坏性的是由情绪引发的行为。

误解九，所有的情绪都是没理由的、自发产生的。

所有情绪的产生都是有原因的，它是以人的愿望和需要为中介的一种心理活动。但是对于情绪产生的原因，心理学界也有一些不同的理论来解释。

误解十，任何焦虑痛苦的情绪，我都无法承受。

人们对于不愉悦的情绪的承受能力是可以训练的。如果我们不锻炼自己承受不愉悦情绪的能力，那么可能会引发一些带有破坏性的行为，比如滥用药物、自残、性虐待等。这些行为不但会造成很大的问题，还会反过来让人产生更加痛苦的情绪。

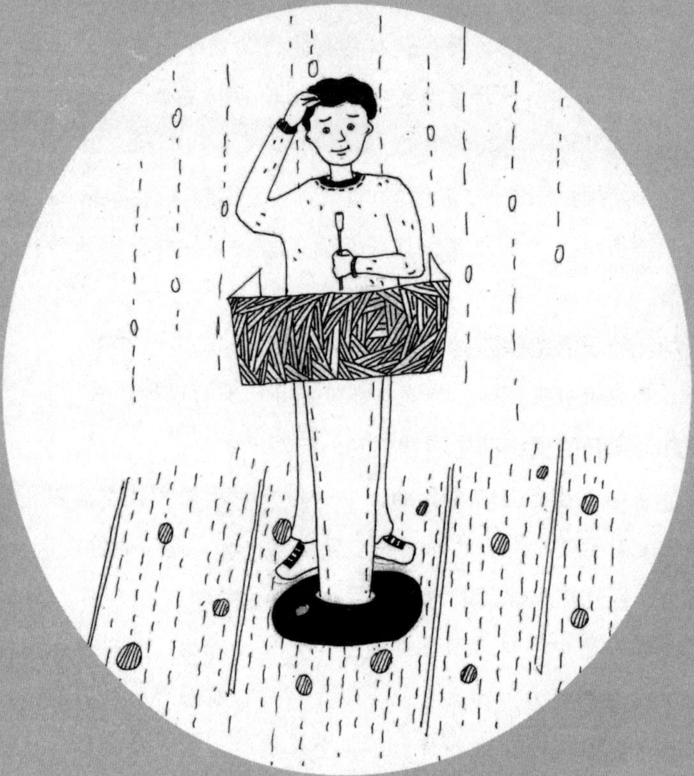

第7章

做内心强大的自己，在不安的世界里给自己安全感

　　毕淑敏说，一个人对未来的真正慷慨是把一切努力献给现在。她也曾写道："生命中要有一颗大心，才能盛得下喜怒，输得出力量。"

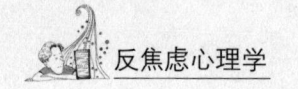

你要对自己的恐惧负全责

培根曾经说过:"恐惧是粉碎人类个性最可怕的敌人。"生活中,有很多时候真正困住你的不是困难本身,而是臆想中对自己一遍遍的负面暗示。

在辽阔的撒哈拉沙漠上,生活着一种土灰色的沙鼠。它们终日囤积草根,即便草根早已多到腐烂,沙鼠也绝不停息。原来,沙鼠曾经历过旱季的严峻考验,从此,这种对食物短缺的深深担忧便刻印在了它们的基因之中,使它们难以获得真正的安宁。

生活中的很多人,不也正如这些沙鼠一般吗?他们终日忧心忡忡,感到生活充满困难,前路一片迷茫。然而,真正困扰他们的并非困难本身,而是内心深处不断滋长的负面暗示。生活最可怕的,莫过于沉溺于无端的臆想之中,让悲观的念头一点点侵蚀我们的心灵,最终扼杀了我们潜在的能量与可能。

诺埃尔·汉考克29岁的一天,正跟男友在阿鲁巴海滩上度假。他们享受着海滩凉爽的海风和明媚的阳光,一切都如预料中那么美好。一通紧急电话,让她愉快的心情在猝不及防中终结了。同事打电话通知她,她所在的公司突然倒闭,所有员工都被解雇了。

这个消息对诺埃尔来说简直就是晴天霹雳,她度假的心情瞬间被恐惧笼罩。她不知所措,不知道未来在哪儿,她害怕找工作,同时又担心自己如果找到工作了跟新同事相处不好怎么办……恐惧情绪笼罩了她好几个星期。直到她看到埃莉诺·罗斯福曾经说过的一句话:"每天做一件令你恐惧的事。"

她的脑海里开始浮现各种场景:由于担心自己的想法被人嘲笑,所以她很少会发表意见；因为害怕在众人面前发表演讲，因此她不会在小组会议中发言；就算工作完成得不好，她也想继续赖在公司，因为留下来比离开容易；去市场买东西，因为觉得讨价还价很尴尬，所以卖家说多少她就付多少……

想到这些，诺埃尔突然发现原来做什么事情都自信满满的自己，不知不觉间开始变得做什么事情都畏首畏尾了。

看清情况以后，她决定把自己从恐惧中解救出来。她做了一个决定：每星期至少做两件让自己感到害怕的事情。

她把自己的恐惧分为了生理上的恐惧和心理的恐惧。在挑战的时候，她找到了很多应对恐惧的方法，比如面对海浪，与其逃避它，不如潜入海浪之中去面对它。在与恐惧时时相处和战斗的一年后，诺埃尔走出了失业的阴影，准备重新整装上阵了。

恐惧是人类天生的一种心理状态与情绪，是由于一些无法预料的因素让人们在心理或者生理上出现不适应的强烈反应。

很多人产生恐惧之后，伴有生理上的现象，如颤抖、眩晕、脸红、紧张、心悸、恶心、小便失禁、呼吸急促。还有些恐惧是心理层面的，比如害怕与上司发生冲突，害怕考试，害怕遭人拒绝，害怕犯错误，害怕生病等。

其实，导致恐惧情绪产生的"罪魁祸首"是我们自己，很多我们感到害怕的东西，都是我们臆想出来的。心理学家研究认为：当人们察觉凭借自己的能力无法完成一件事或可能会搞砸一件事的时候，恐惧就产生了。有些恐惧，只要你敢于尝试就能不攻自破。

> 人生没有过不去的坎，没有爬不上的坡。总想着被负面暗示所压倒，不如试着将担忧的事情发泄出来。冷静过后，找到合适的解决方案。一个人只有敢于面对恐惧，才能真正将它从内心驱逐出去。

恐惧的表现形式主要分为三种情况。

第一，害怕事物和某些场所。比如害怕动物（蛇、老鼠、蜘蛛等），害怕雷电、火、酷热、寒冷、黑暗，害怕乘电梯、过隧道、过桥、穿过大广场，害怕乘飞机、汽车，害怕封闭的空间。

第二，害怕患上恐惧症，害怕患上惊恐突发症。

第三，人际关系和社会方面的恐惧。害怕受批评，害怕遭拒绝，害怕碰壁，害怕结果，害怕权威，害怕孤独，害怕伤害亲近的人……

面对恐惧总是逃避，虽然从短时间来看是一种解决办法，但是长期来看，则是十分消极的，只会让自己做事越来越受限。他们会将这种恐惧扩展到越来越多的领域，让恐惧愈演愈烈。

有人会找朋友陪伴来减轻恐惧。但长时间后，便会产生依赖心理，越来越没有能力单独去做点什么。而且，这种方法往往隐藏着另一种动机：借恐惧得到别人的支持和关注，不必单独承担责任。

当然，大多数人将恐惧评价为消极的现象。恐惧意味着无能和懦弱，因此，费尽心机地在其他人面前掩饰恐惧。而这些都是不可取的。

不要让绝望横在思路中

绝望是消极思维的一种典型表现，绝望的人只会看到暴雨的来临，而不会看到雨过之后的一片晴空。这就现实而言，不免太可悲了。著名的大诗人罗曼·罗兰说："以死来鄙薄自己，出卖自己，否定自己的信仰，是世间最大的刑罚，最大的罪过。宁可受尽世间的痛苦和灾难，也千万不要走到这个地步。"这道出了绝望是多么的恐怖和廉价。

项羽战败退兵到垓下，四面楚歌。乌江亭长对项王说："江东虽小，地方千里，十万人，足以称王，请大王急渡！今只有微臣有船，汉军将至，也无船渡江。"项王绝望地说道："天之亡我。我渡江何用？况且我领江东子弟八千人渡江西征，却无一人生还。纵然江东父老怜悯我拥我为王，我又有何面目见他们？即使他们不说，我难道不有愧于心吗？"而后汉军追到，项羽于是拔剑自刎而死。

诚如塞万提斯所言："失去财产的人损失很大，失去朋友的人损失更大，失去勇气的人损失一切。"

绝望让弱者退去、消沉、长吁短叹，甚至走上绝路。最可怕的是绝路，又叫死路。"力拔山兮气盖世"，项羽何等英雄，乌江自刎，皆因前途无路。

真正的绝路，是极少的。多少绝路，是自认为绝，其实并不绝。走进"死胡同"，向后转，转回来就是了。在人生的旅途中，我们难免会遇到挫折和困境。这些时候，绝望会悄悄袭来，试图侵蚀我们的意志和勇气。但请记住，绝望并不是我们的归宿，也不是我们面对问题的唯一答案。

中国有一句古话，叫"置之死地而后生"。西方有一条哲言，叫"绝望支持着我"。山溪面对峭壁的绝望，一纵而成瀑布的壮观。枯木顶对霜雪的绝望，坚韧而成春天的蓬勃。把绝望超越世外，把希望留在心中，你将永远是生活的强者。

毛姆说："一经打击就灰心丧气的人，永远是个失败者。千万别因一时挫折而心灰意冷，打起精神坚持下去，相信天无绝人之路。"

19世纪法国有一位杰出的作曲家叫柏辽兹，当时他只是个对音乐有兴趣的业余爱好者。有一次，他到巴黎奥德翁剧院观赏英国剧团演出的莎翁悲剧《罗密欧与朱丽叶》，深深地被扮演朱丽叶的史密斯所吸引，在散场后马上向她求婚，可想而知，他被对方断然拒绝了。

遭到拒绝的柏辽兹深受痛苦的打击，从此把满腔的热情和悲愤投入音乐的创作和研究中，终于写出表达自己对爱情绝望、狂热和梦幻的《幻想交响曲》。

> 当我们感到绝望时，不妨试着调整自己的心态，以更加积极和乐观的态度去面对生活中的挑战。我们可以尝试去寻找那些隐藏在困境中的机遇和可能性，用希望和勇气去驱散心中的绝望。

当这部交响曲在巴黎公演时，刚好史密斯小姐也在现场聆听，清楚领悟这是柏辽兹为她所写的，而音乐中流露出的真挚情感更是深深打动了她的心，不禁自责当初对他太冷漠了。

不过，忙于演出的史密斯并未结婚，当她对《幻想交响曲》表示由衷的赞扬后，柏辽兹再次向她表达热烈的爱慕之意，而她也接受了。最后，这对有情人终成眷属。

从这个故事中，可以给我们这样一个感悟，即化信念为力量，不放弃任何机会，事情总会有出现转机的一天。

每个人都有一对闪闪发光的翅膀

强则胜，弱则败，这被很多人认为是理所当然的事情，人们在这种理所当然的事情面前往往无计可施，觉得别无他法。其实，弱虽然是一种既成结果，但并不代表世界末日来了。弱者有弱者的姿态，即便弱小也想要获胜。现在的弱不代表将来就不能变得伟大。只要你敢于不断地挑战自己，经过岁月的磨炼，每个人都会拥有一对闪闪发光的翅膀，在自己的成长中破茧成蝶。毕竟不管做什么，没人从一开始就能够知道结果的。活着就是不断战胜自己，反复地进行假设与实验的过程。你的畏惧情绪可能会拉住你，不让你前行，但是你要记住，勇气是老天赐予人们的特权，只有活着的人才能体验。

在漫长的青春岁月里，森森一直是个自卑的孩子，那时候她又黑又瘦，留着一头短发，经常穿着姐姐的洗得发白的旧校服，有着起伏不定的学习成绩……

她的班上有个学习很好的孩子叫黄灿灿，第一次期末考试的时候，黄灿灿就拿了全班第一。她不仅学习成绩好，而且人也长得漂亮，性格也开朗。

在黄灿灿的映衬下，森森觉得自己就像是长在鲜花旁的小草一样，永远都不能引起别人的注意。高三结束的时候,黄灿灿不出意料地考入了一所重点大学,而淼淼则只考进了一所普通的二本院校。

进入大学的那一刻,淼淼心情很复杂,她觉得自己不能再这样继续下去了,她要学会突破自己。在大学的四年里,她异常努力,将所有时间都花在了学习上。毕业之后,由于成绩优异,很多公司都向她抛出了橄榄枝,最后她选择留校任教。淼淼的生活在她的努力之下,一点点地与理想中的生活靠近。

当黑黑瘦瘦的她勇敢地走到学生面前,认真地讲每一节课的时候,她觉得讲台已经变成了她的舞台。而学生的反馈也很好,总是夸她人不仅长得漂亮,书也教得好。

她将年少时的心事讲给男友听,帅气的男友捏着她的鼻子,微笑着说:"傻丫头,你不知道你现在有多美。你是我见过的工作状态最饱满的女孩子,而且无论对谁都热心,我最看重的就是你这颗善良的心。"

后来她跟男友结了婚,生活从最初的清苦到最后的逐渐富裕,她对生活的热爱始终不减,态度积极得像一棵向阳生长的向日葵。

生活在不知不觉中赋予了她很多美丽的东西,她开始明白,自信是女孩子身上最漂亮的锦衣,穿上它,每个女孩子都可以变成美丽的公主,因为生活总是偏爱热情善良的人。

毕业很多年之后,高中同学聚会,淼淼再次看到了黄灿灿,她依然那么美丽动人,只是这时候淼淼站在黄灿灿身边,早已没有了往日的自卑。

心理学家认为:"行动是思想的敌人,经历是自信的基石。"自卑的人可以通过自己的努力来获得成就感。

1. 先要搞清楚自己内心的冲突

一个无法实现或者暂时难以实现的理想中的自我形象与真实自我之间的冲突,会让一个人越来越自卑。

2. 接纳真实的自我

接纳自己的价值观与性格,全面客观地评价自己的性格优势与劣势。

3. 敢于经历

刚开始尽量去做符合自己性格的事情，慢慢积累成就感，然后不断提升对自己的要求，不急不躁地获取成就感与自信心。

4. 受挫时要善于应对

在受挫时，一是不要太过于关注自己受挫的感受，否则只会越来越糟；二是考察自己解决问题的角度。尽量将受挫的原因分析全面，不要钻牛角尖。

人生路漫漫，只要敢于突破，我们就有化茧成蝶的一天。

恐惧不过是自己在吓自己

古罗马政治家、哲学家塞涅卡说："命运害怕勇敢的人，而专去欺负胆小鬼。"其实在心理学家看来，恐惧表现的是大脑的一种非正常状态。人们就像拒绝毒瘤一样拒绝接受恐惧，然而它已经被自己无意识地深埋心底。

法国著名的文学家蒙田说过："谁害怕受苦，谁就已经因为害怕而在受苦了。"中国宋朝理学家程颢、程颐认为："人多恐惧之心，乃是烛理不明。"亚里士多德说得更明确："我们不恐惧那些我们相信不会降临在我们头上的东西，也不恐惧那些我们相信不会给我们招致事端的人，因此，恐惧的意思是：恐惧是那些相信某事物已降临到他们身上的人感觉到的，恐惧是特殊的人以特殊的方式，并在特殊的时间条件下产生的。"显然，恐惧由心生，恐惧源于害怕，害怕源于无知。

有些人常说无知者无畏，其实无知者有时候往往会更加畏惧。怕了一辈子鬼的人，恐怕一辈子都没见过鬼，这是自己吓唬自己。世上没有什么事能真正让人恐惧，恐惧只不过是人心中的一种无形障碍罢了。不少人碰到棘手的问题时，习惯设想出许多不存在的困难，这自然就产生了恐惧感。事实上，你只要勇敢地迈出一步，就会发现现实没有我们想象的那么可怕。

恐惧是我们人生面临的很重要的一项挑战。没来由的、荒谬可笑的恐惧常常将我们囚禁在一个自己构筑的无形的监牢里。其实，在很多时候，恐惧无法对我们造成伤害，我们需要克服自己的恐惧情绪，突破个人的心理障碍。

在宾夕法尼亚州，一个流浪汉在森林里迷了路。夜幕慢慢降临，整片森林就像童话故事里所讲到的，慢慢变得黑暗起来，仿佛四周都充满了未知的危险。流浪汉是个人高马大的正处于壮年的人，但是看到自己所处的环境也不由得开始犯怵。他小心翼翼地走着，生怕自己一不小心掉入深坑、沼泽之中，或者跟潜藏在黑暗里的饥饿野兽遇上。他已经想象出那些野兽虎视眈眈地盯着自己的场景。恐惧就像是一个火苗，一旦点着了，就会蔓延成大火，不断地烧向他的内心。他每走一步，就觉得下一步将会面临死亡。

就在这时，他抬头看了看天空，发现星光若隐若现，不知怎的，他的内心升起了一片光明。他开始鼓起勇气，大步向前迈进，没走多远，就发现前面有位路人。流浪汉快步赶了上去，马上跟他交谈起来。那位陌生人十分友善，两人一边走一边聊了起来。

> 人生的棋局，只有到死亡才算下完，如果是生命还存在，就有挽回棋局的可能。生意上的破产，还可以东山再起。如果一味陷于焦虑之中，甚至走上了绝路，那么无疑是人的一生最大的破产。

就这样，他们互相搀扶着走了很长一段时间，可是没过多久，流浪汉就发现这个陌生人其实跟自己一样迷茫。在纠结了很长时间以后，流浪汉决定离开这个迷茫的伙伴，继续走自己的路线。不久之后，他又遇到了第二位陌生人，那个陌生人自信满满地说自己拥有能够走出森林的地图。于是他就跟着这个陌生人走，可是他越走越觉得不对劲，很快他就发现这个陌生人不过是在自欺欺人罢了，所谓的地图也不过是为了掩饰恐惧而自我欺骗的手段而已。

于是，流浪汉又一次回到自己的路线上，他在恐惧中继续走着。就当他感到绝望的时候，无意中将手插入了自己的口袋里，竟然发现了一张正确的地图。流浪汉若有所悟，原来一路的恐惧只不过是自己吓自己，解除恐惧的魔咒竟然就在自己的身上。

每个人其实都是一个流浪汉，地图就藏在自己的心中，指引着我们穿过令人忧虑与恐惧的森林。在面对恐惧的时候，唯一可以给你希望的就是你自己。在忐忑不安的情绪支配下，一种未知的焦虑会慢慢转化为恐惧与惊慌。

在这种情况下，一旦我们出现了一丝怯懦或者放弃的念头，那么这个念头就会迅速蔓延，最终导致我们自暴自弃，走向失败……

想要解决这个问题，我们就要勇于认清自我，相信自我，摸一摸自己的口袋，或许里面就藏着你想要的地图。

★测一测：你最害怕什么？

1. 笑的时候会用手捂住嘴吗？
   ①是。→ 第3题
   ②不是。→ 第2题
2. 现在有很欣赏的偶像吗？
   ①有。→ 第4题
   ②没有。→ 第5题
3. 你会去看杂志上的占卜吗？
   ①一定会看。→ 第6题
   ②一般不会看。→ 第5题
4. 睡醒之后发现自己迟到了，会怎么办？
   ①会很慌乱。→ 第7题

②既然已经迟到了，索性就再晚点吧。→ 第 8 题

5. 晚上往往会躲进被子里，常常睡不着?

    ①是。→ 第 9 题

    ②不是。→ 第 8 题

6. 曾经会莫名其妙地觉得后背发凉?

    ①是。→ 第 10 题

    ②不是。→ 第 9 题

7. 从下面看高楼的时候也会觉得头晕?

    ①是。→ 第 11 题

    ②不是。→ 第 8 题

8. 在踢足球的时候，会拼命奔跑?

    ①是。→ 第 11 题

    ②不是。→ 第 12 题

9. 在自己独处的时候，往往会脑洞大开?

    ①是。→ 第 13 题

    ②不是。→ 第 12 题

10. 如果必须从下面的行动中选一个，你会选哪个?

    ①端坐 20 分钟。→ 第 13 题

    ②快走 30 分钟。→ 第 9 题

11. 邀请你去玩游乐场的鬼屋的话，你会怎么办?

    ①哇，绝对不玩的。→ 第 14 题

    ②还不错，而且也不害怕。→ 第 15 题

12. 如果被人批评了，你会怎么办?

    ①骂回去，一点也不认输。→ 第 15 题

    ②说不出话来。→ 第 16 题

13. 如果看到自己的血流出来，会有什么感想?

    ①意外的平静。→ 第 17 题

    ②不敢看。→ 第 16 题

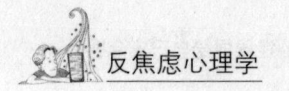

14. 在脚够不到的地方游泳也没有问题?

　　①是。→ 第15题

　　②不是。→ A

15. 你认为哪种情况是最可怜的?

　　①中箭的鸟。→ B

　　②掉进池塘的猫。→ A

16. 在读书的时候,看到悲伤的情节会哭吗?

　　①会。→ C

　　②不会。→ B

17. 看到墙上的污点常常会想象成人脸吗?

　　①会。→ D

　　②不会。→ C

答案分析:

A. 你最害怕和担心的是自然灾害。

在你看来,世界上最让人恐惧的就是无法抗衡的自然灾害,比如地震、海啸这类的事件。只要想到这种事情,就会让你陷入恐慌之中。其实,自然灾害并不会常发,这种事情就不用放在心上了,调整心态,做好准备就好。

B. 你最害怕的是意外。

意外确实是可怕的,不过既然是意外那就无法预测。我们为什么要为无法预测或者根本不会发生的事情担心呢?也许你越担心反而会越容易出现意外呢!放宽心,你并不会那么倒霉的。

C. 领导或长辈是你最害怕的。

你很怕面对老师或者长辈,总觉得跟他们有距离。不过有些事情是你想太多了,如果你鼓起勇气去接触他们就会发现,这些人并没有你想象的那么可怕。

D. 妖怪或怪物是你最害怕的。

可能是鬼故事听多了吧,你总是能想象出鬼怪的样子来吓自己。不过这些东西本来就是你想象出来的,与其这样,不如把这些不快乐的经历通通忘掉,消除他们在你脑中的印记吧!

第8章

扛住压力，
全世界都是你的配角

著名主持人朱迅在《主持人大赛》上说："今天，你扛住了多大的压力，明天你就受得起多美的赞誉。"生活在社会中，我们就是需要扛得住压力，耐得住孤独，沉得住气。

弱者被侮辱压垮，强者会让侮辱成为奖章

生活在社会之中，有时遭到侮辱或者诋毁是在所难免的，这些侮辱有些是别人无意中造成的，有些则是故意而为。如果你总是将他人对你的侮辱放在心上，情绪难免会受到影响。通常来说，弱者往往会被侮辱压垮，但强者却能将之转化为前进的动力，将侮辱视作一枚独特的奖章，镶嵌在自己成长的道路上。在这个纷繁复杂的社会中，遭遇侮辱与诋毁，如同风雨之于树木，难以避免，却又不可或缺。这些经历，无论是无心之失还是刻意为之，都是生命给予我们的考验与磨砺。

正如古人所云："必有大凋落而后有大发生，必有大摧折而后才有大成就。"人生的价值，往往在于我们如何面对这些挑战与困境。将侮辱视为成长的催化剂，而非心灵的枷锁，我们便能在逆境中锻造出更加坚韧不拔的意志和更加深邃广阔的心胸。

当我们遭受侮辱时，选择如何回应，决定了我们的格局与未来。若我们沉溺于愤怒与悲伤之中，便正中对手下怀，让他们的阴谋得逞。而真正的强者，会将这些侮辱视为对手的畏惧与不安，是自己在某方面已触及或即将超越对方的证明。强者会从中汲取力量，以更加饱满的热情和坚定的信念，继续前行。

生命因挑战而精彩，人生因困难而深刻。正如钟玲女士所言："严肃的悲哀，沉重的失落，往往会带给我们对生命更深一层的体会。"正是这些看似不幸的经历，让我们更加深刻地理解生命的真谛，更加珍惜那些平凡而又真实的幸福。

而那些因侮辱而留下的伤痕，虽痛却美，它们是我们成长的见证，是我们逐渐成熟的标志。它们提醒我们，人生并非一帆风顺，但正是这些波

折与坎坷，让我们学会了坚强与勇敢，学会了透过现象看本质，学会了在无常的世事中保持一颗平和而坚定的心。

正如一位美国作家所言："水果不仅需要阳光，也需要凉液——寒冷的雨水能使它成熟。"同样，我们的人生也需要经历风雨的洗礼，才能更加茁壮地成长。让我们以一颗豁达的心去拥抱这些挑战与侮辱吧，因为它们正是我们生命中不可或缺的养分，是我们通往成功与辉煌的必经之路。

你不可能取悦所有人

不管你付出怎样的努力，哪怕你在奥运会上拿到了金牌，或者你是万人追捧的偶像明星，你也无法保证所有人都会喜欢你。每个人都有自己的喜好，就像吃菜一样，每个人的口味都是不同的，我们不能强求他们保持统一。

有些人总是会有意无意地在乎他人的看法，在面对别人的批评和指责的时候苛责自己，结果在别人的言论中迷失了自己。钟立风在《短歌集》里说过这么一句话："你从不讨好任何人，包括你自己。听懂你的人，都安静了。"我们不用讨好别人，你只要取悦自己就够了。

生活告诉我们，如果你期待每个人都喜欢你，你必须要求自己完美无瑕。而有些时候，就算是完美无瑕，也不能得到别人的喜欢。因此，给自己的压力太大，最后压垮的只有自己。

住在美国北卡罗来纳州的米歇尔太太曾经是个敏感内向的女孩。她身材偏胖，加上肥嘟嘟的小脸颊，让她显得更胖了。她有一个很刻薄的母亲，母亲觉得女孩子就应该漂漂亮亮的，但是自己的女儿总是会把衣服撑破。米歇尔太太从小就极力搞好自己的学习，参加所有能参加的聚会，但是每次都会被人奚落。后来，她慢慢地开始自卑起来，拒绝了所有聚会的邀约，也不去主动结交朋友。

长大之后，米歇尔太太的情况并没有好转。她嫁给了一位大她几岁的

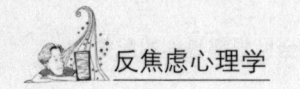

学校老师，丈夫很稳重且自信。丈夫很快就发现了妻子的问题，也试图帮助她，但是适得其反，米歇尔太太变得更加不自信，而且越来越敏感易怒，都害怕见朋友了。每次跟丈夫参加聚会，都会尽量假装开心，因为她害怕被别人认为是个异类，但是常常因为装得过头，让自己累得半死。

后来，丈夫偶然的一句话改变了她。在跟丈夫讨论如何教育孩子的时候，丈夫说："我觉得要教会孩子，不要去试图讨好所有人，坚持自己的本色才是最重要的……"丈夫的一句话，让她茅塞顿开。从那以后，她开始化解外界给自己的压力，坚持自己的本色，培养自己的爱好，认清自己，而不是刻意讨好他人。

慢慢地，米歇尔太太的朋友自然也越来越多。

我们周围的世界是纷繁复杂的，每个人对你的看法其实并不是统一的，你不能总去期待所有人都给你打好评。当然，我们总是会不自觉地期待别人的认可，比如今天穿了一件新衣服，会期待有人称赞自己。如果得到了大家一致的称赞就会很开心，而一旦有人挑出了其中的缺陷，就会很失落。

事实上，所有事情都有好的一面和坏的一面，每个人的思想不同，看法也会不同。就算是同一个人，随着社会经验、人生阅历的增加，看法也会改变。人生不是考试，没有固定的答案。很多时候，谁是谁非难以确定。如果非要把每件事都理清楚，那样就太过跟自己较真儿了。

歌德曾说："每个人都应该坚持走为自己开辟的道路，不被流言所吓倒，不受他人的观点所牵制。"有记者请美国著名导演比尔·寇斯比谈谈成功的秘诀，比尔·寇斯比说道："我不知道成功的秘诀，不过我可以确定失败的教训，就是做人不要试图取悦所有的人。"

努力是击败压力的最佳方式

人之所以会产生压力，有很多是由于已经发生或者即将发生的生活事件引起的。比如没有完成的作业，即将到来的考试或者比赛，必须解决的问题等。这些压力的来源，每个人都很清楚，但是同一件事在不同人看来会有所差异，有些人认为这些根本就不足挂齿，有些人则认为这是天大的事。

每个人都喜欢天才，因为在人们看来，天才总能轻而易举地解决问题，或者顶住压力做成一件事。但是就像爱迪生所说："天才就是1%的灵感加上99%的汗水。"所有的毫不费力，不过是因为他们曾经非常努力。

你是否因为工作中的平庸表现而压力倍增、苦恼不已？是否因为别人的流言蜚语而喘不过气来？那么你不妨冷静一下，努力搏一回，用成绩去回击那些质疑者。

披头士是世界上最受欢迎的摇滚乐队之一，这支来自英国利物浦的乐队在1960年成立，之后获得了巨大的成功，在全世界都享有盛誉。

很少有人知道，这支乐队成名之前曾经有过很长一段不为人知的岁月。他们当时并没有名气，几乎所有的乐评人都不看好他们。有一次，他们得到了一个到德国汉堡参加表演的机会。在那里，他们每天晚上都会连续演5个小时，一周演7天。在1960~1962年，披头士乐队共往返5次，第一次就演唱了106场，平均每天演唱5个小时。第二次，他们演唱了92场，第三次他们演唱了48场，一共演唱了172个小时。

在1964年成名之前，他们进行了大约1200场演出，不得不说这是一个惊人的数字，不仅需要强大的体力支持，还需要强大的意志力。也正是这样的努力，让这支乐队变得越来越优秀，最终大放异彩，获得了全世界人民的喜爱。

很多人都认为披头士的成功是因为四个人的才华，是他们与生俱来的天赋。但是，他们坚持不懈的努力才是日后辉煌的保证，是他们顶住压力创造辉煌的坚实基础。

在任何领域、任何工作岗位，只有通过不断的努力，才能让自己的技能越来越娴熟，经验越来越丰富，才能保证自己在遇到困难的时候，不退缩，勇敢去面对，去争取成功的机会。随着时间的推移，一个人要想不断

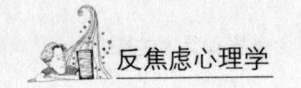

提升才华和能力，只有通过不断努力才能做到。

当年，梅尔·吉普森为了能够拍好《男敢的心》，曾经花了几年的时间待在图书馆里研究角色及故事发生的时代背景；郭晶晶曾在奥运比赛前患上眼疾，看不清东西，但是为了能够拿到金牌，她没有中断训练，最终几乎是凭着感觉完成了比赛，并成功摘取金牌……

熟能生巧就告诉人们不断努力练习，自然能够熟练应对可能出现的问题。正所谓天助自助者，一个人对待压力的正确方式就是将压力变成动力，不断努力，发挥自己的才华，提升自己的技能，让自己能够在岗位上发光发热。

扛住压力是蜕变成蝶的过程

压力会让人产生焦虑、抑郁等不良情绪。因此，有的人一遇到压力就躲，也有人一直追求一种没有压力的生活，但是他们往往忽略了压力带来的正面效应。其实，压力也蕴含着促进个人成长和蜕变的潜力。

压力是一种挑战，它迫使我们走出舒适区，去适应、去克服困难。在这个过程中，我们的心理承受能力和应对能力会得到锻炼和提升。就像蝴蝶必须经过蛹期的压力和挣扎，才能破茧而出、展翅飞翔一样，人的成长和蜕变也往往需要经历压力的洗礼。

很多人的压力来源于工作，程远也是一样。作为某大型文化传媒集团的资深制片人，程远负责几档优秀电视节目的工作。程远是个偏内向的人，虽然有能力，但是在与人交流方面不太主动。有一段时间，程远的情绪越来越低落，越来越沉默寡言，在工作中常常会出现走神的情况。

上司很快就注意到了他情绪上的波动，在一番打听之下才知道，程远因为跟妻子感情破裂，在前不久离婚了。

对于一直很看重家庭的程远来说，这无疑是个沉重的打击。当人的头脑被某一事件填满的时候,情绪往往会被这件事所左右。消极事件会引发消极情绪,感情创伤是最难以摆脱的压力源之一。人会在沉重的心理包袱的重压下消沉下去,如果处理不好就会引发情绪上的蝴蝶效应,比如辞职,或者更糟糕的情况。

就在上司没想好如何安慰程远的时候,恰好一家电视台打算跟这家传媒公司合作,双方打算合作制作一档大型综艺节目。想要做成一档新节目,首先要组建节目制作团队,这是一个极富挑战性的工作,同时也是一项能够给人带来成就感的工作。

于是上司马上想到了程远,认为如果给程远一些工作压力,就可能让他无暇顾及自己的感情压力。很快,程远就被委以重任,成了这一档新节目的制片人。程远在担任这个节目的制片人之后,很快就被领导告知,这档节目对公司的发展意义重大。程远感到肩上责任重大,工作压力骤增。当然,上司也会不失时机地鼓励程远,增强他的信心。在工作中忙得不可开交的程远,很快就忘记了感情上的压力,一心一意

> 面对压力时,我们不必害怕或逃避。相反,我们应该以积极的态度去面对它,将它视为成长和蜕变的契机。通过不断学习和实践,我们可以逐渐提高自己的抗压能力,让自己在压力中变得更加坚韧和强大。

地将精力投入新工作中来。两个月以后,当新节目开播并深受好评之后,程远心里的阴霾一扫而空,又成了自信的职场精英,他不仅成功扛住了压力,还成了公司当年的最佳员工。

用积极的压力将消极的压力挤走。在积极压力的鞭策下,人们往往会变得更有斗志,重新获得成就感,体现自己的价值,用行动驱赶负面情绪。这就如一粒沙子进入了一个蚌中,我们要学会应对,就能将它变成一颗珍珠。

在被消极压力打垮之前,让自己享受这样一个蜕变成蝶的过程,从茧里脱出,才拥有翩翩起舞的资格。

那些让你不满意的结果，有时只是未完待续

无常，这是佛家常常提到的一个词语。顾名思义，无常的意思就是没有常态，简单来讲，就是随时都可能发生变化。每个个体都处于变化中的某种状态，可是有些人太过执着于一种结果，尤其是当结果不甚理想的时候，他们会不断给自己压力，让自己陷入一种负面情绪之中。其实大可不必这样，就像我们知道天气是无常的一样，当我们明白一切事物都是无常的时候，我们就会变得坦然很多了。

正如老子提出的"祸兮福所倚，福兮祸所伏"的观念一样，很多时候，结果会在不知不觉中发生变化，因此，没必要给自己太大压力。

李武军人生的第一笔财富是在意外中获得的。

当年北京的房价还不贵，李武军在北京经营一家店铺，有了一些存款，于是就跟一家房地产销售公司订了一套两居室的房子。见那里的房子不错，甚至还介绍了一个朋友到同一小区去买房。他还告诉朋友，自己订的是一套主卧朝北的房子，等主卧朝南的房子出来后，再进行更换。那位朋友家境很富裕，买房子也不过是一种投资。没想到，等小区腾出了一套主卧朝南的房子之后，朋友竟然抢先买走了。

当知道结果时，李武军很生气。后来小区又多出一套主卧朝南的房子，李武军便马上抢订了那套房子。可当准备退掉原来那一套的时候，才发现原来那一套已经签约，退不掉了。如果第一次朋友没有来抢，李武军那时是没有签约的，是完全可以退掉原来的那套房子的。现在两套房子在手，他感到压力太大，不仅要凑首付，还要还两份贷款。但是木已成舟，他只好自己想办法，硬着头皮跟亲戚和朋友借了钱，慢慢还清了贷款。

后来，北京房价涨了很多，李武军当年顶着压力买下的两套房子价格翻

倍，就这样，他积累了人生的第一笔财富。现在想想，如果当初没有朋友的搅局，以他当时的财力，是不会去买两套房子的。

为什么有些人能够把坏事变成好事，有些人却总是倒霉不断呢？这与你对待事情的态度有很大的关系。有些人就算坏事发生也不会过于放在心上，不给自己造成压力。因为他们相信，坏结果终将过去，而且乐观对待的话，有些坏结果会开启自己生命的另一扇窗，带领自己领略不一样的风景。

在生活中，我们会遇到形形色色的人、各种各样的事，有时是坏事，有时是忧愁，但是一定要记住，最好的医生就是自己。不管是怎样的结果，顺其自然就好，不要太过执着，给自己太大的压力。

当然，顺其自然也并非说我们什么都不要做，就等着结果出现。结果依然很重要，不然一切的努力就失去了价值。但是很多结果并非我们可以控制的，只要我们尽力做好自己该做的，就问心无愧了，因此，就不要因为结果去扰乱自己的心情了。

★测一测：缓解压力的情绪调节法

人们总是会面对各种各样的压力，如果压力过大，往往会给我们造成不良的影响，破坏我们的正常工作和生活。因此，我们要学会给自己减压。

1. 通过冥想缓解压力

心理学家认为，冥想可以让人呼吸变慢，心跳频率降低，从而改变脑部供血，实现对情绪的影响。

我们可以选择一个安静的地点，让自己保持上身直立的坐姿，尽可能地放松自己的脖子、双肩及全身肌肉。闭上眼睛，让自己的注意力集中在呼吸上，进行深呼吸，重复几次。冥想过程结束，呼气，慢慢睁开眼睛，缓缓从座位上起身。初学者不用苛求时间的长短，贵在坚持。

2. 通过吃喝玩乐来减压

有研究表明，吃喝玩乐可以有效地缓解人的心理压力，从而达到让自己

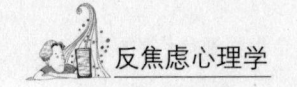

放松的效果。当然这里要有一定的限度，暴饮暴食，或者总是喝闷酒、喝咖啡是不正确的。每天吃一些健康食品，喝一些对身体有益的饮料，可以有效安神。玩乐的前提也是以健康为主，并非故意放纵。

3. 多进行体育锻炼

心理学家认为，运动能够促进血液循环，增强脑部的血流量，产生阳光积极的心态。每天坚持跑步、游泳，或者到健身房去锻炼、户外骑行、登山等可以有效地缓解压力，尤其是参加团队项目的时候，会获得成就感与认同感。女性还可以选择瑜伽、健美操等既可以塑形体又能减压的运动。不过值得注意的是，适当的运动有助于减压，运动过量反而会让情况更加糟糕。心理学家认为，有些人一边锻炼一边回想给自己造成压力的事情，锻炼结果只会让人越练压力越大。因此，要合理安排锻炼项目，持之以恒，把握情况，促进健康。

4. 进行自我按摩

按摩是一种有效缓解压力的方法，用各种技巧直接作用于人体表面的特殊部位，从而通过情绪的放松来调整呼吸，摒除杂念。比如人们可以反复按压承泣穴（位于眼球正下方、眼眶骨凹陷处），有效缓解眼睛红肿、疼痛等情况；也可以按摩睛明穴（位于目内眦外，在鼻梁两侧距内眼角半分的地方），有效降低压力，消除疲劳。

5. 音乐辅助减压

在疲劳的时候，可以听一些旋律优美、曲调悠扬的乐曲，转移和化解心中的焦虑，让人产生愉快感。心理医师们认为，音乐可以使人精力充沛，有效地帮助人们缓解压力。

6. 找人倾诉

在自己感到压力到来的时候，可以主动找亲人或者朋友寻求心理援助，找到你信任的人倾诉衷肠，将自己的烦恼告诉他们，征询他们的意见。即便对方无法帮助自己解决问题，至少可以给你提供一些安慰，使你减轻痛苦。另外，如果是不方便找人倾诉的压力，不妨记在日记里，让自己的压力有个排解的地方。

第9章

少一些焦虑悲伤的眼泪，多一分鲜活的心情

人世沧桑，谁都会彷徨，会忧伤，会有冷风苦雨的幽怨，也会有月落乌啼的悲凉。但要知道，快乐是生活的主题，一切都可以放松和豁达地面对。

生活中难免有痛苦，要找个合适的方式去调节

波特说过："人生是由哽咽、哭泣及微笑所组成的一段过程，而其中最大的部分是哽咽。"生活充满了难以预料性，并且无法让我们完全掌握。在欢声笑语之外，我们也常常与痛苦为伴。如果在遇到痛苦的时候，一直陷在里面，任由它发展，那么生活就会变得一团糟。

人们总是不自觉地把自己的痛苦放在放大镜下，实际上痛苦并没有人们想象中的那么可怕。很多人由于对它并不了解，所以一旦遭遇痛苦就会选择逃避，缺少直接面对的勇气。如果你能够用平常心看待痛苦，与之和谐相处，就能够及时找出正确的处理方法与策略。而如果无法正确处理痛苦，将会给自己和家人带来无限烦恼。

生活在美国加利福尼亚州的帕克，是一所著名高中的历史老师。他个性开朗乐观，结婚五年，一直跟妻子恩爱有加。平时在学校里，帕克跟学生和同事相处融洽，总是笑嘻嘻的，像个阳光大男孩。不过，一切都在一天的下午改变了。

那天正好是帕克跟妻子结婚六周年的日子，他兴冲冲地回到家，手里拿着早就给妻子准备好的礼物，打算给妻子一个惊喜。但让他万万没想到的是，妻子给了自己一个惊吓——她正和一个陌生男人躺在床上。怒火中烧的帕克马上跟那个男人扭打到一起，妻子吓得大喊大叫。

因为无法原谅妻子的背叛，双方选择了离婚。可是离婚无法将帕克从感情失败的悲伤中拯救出来，他开始变得痛苦不堪。他不明白自己到底做错了什么，也想不通为什么妻子会背叛自己。

他开始纠结于生活的不公、人性的欺骗，陷入了悲伤痛苦之中。显然，药物无法根治他心中的痛苦。后来，他的痛苦越来越严重，甚至展现

在了家人面前。帕克开始变得桀骜不驯，对家人也颐指气使。他不管看到谁都会觉得厌烦，认为每个人都是自私自利的，不爱自己的，觉得每个人都瞒着自己做了什么不可告人的事情。

慢慢地，帕克对生活失去了希望，变得暴躁易怒。由于一直无法正视已经发生的事实，他一直生活在痛苦之中，被悲伤包围，每天都活得很痛苦。

焦虑痛苦的情绪是撒在我们心上的尘土，若不拂去，只会越积越多，难以处理。

在生活中，谁都可能会遇到因为别人而生气的事，但是又不方便把生气的原因告诉对方，只能一直憋在心里。不得不说，这样的感觉很不好，就像是住在了一间密不透风的地下室，空气稀薄而潮湿，让人浑身不舒服。如果情绪长时间得不到释放和缓解，那么整个人的状态都可能变得十分消极，所以我们要学会自己去晒太阳。

心理学专家提醒人们，在痛苦还没形成之前，务必努力消除这些坏情绪。比如一旦发现自己的心情正在变得糟糕，又不方便把事情说出来，可以通过运动、听音乐、逛街等方式调节一下。总之，对于不良情绪，不能听之任之。人生本就由无数的快乐与无数的痛苦所构成，学会与悲伤握手言和，坦然去接受已经发生的事情，才能寻找到人生下一段要走的路，才能体会幸福的真谛。

心里有些伤口，要学会包扎止痛

中国有句话叫"哀莫大于心死"，足以说明一个人一旦内心笼罩上了悲伤的阴云，将对他的人生产生怎样的影响。不过有了悲伤情绪也不能逃避，如果试图否定和逃避自己的悲伤情绪，将加深内心的痛苦，直至崩溃。心理学家曾经做过这样的一项调查：

有一个地方发生了地震。半年之后,到心理诊所就诊的人与日俱增。患者往往是在灾害刚刚发生时并没有出现什么问题,到后面却出现了焦虑、抑郁、伤感等情绪,无法解脱。专家认为,地震给这些人造成了难以磨灭的心理创伤,让他们在失去亲人的痛苦中无法自拔。当灾害刚刚发生的时候,他们的注意力主要集中在清理废墟、料理杂事上面,而一旦从这些忙碌中脱身,他们压抑的痛苦就会释放出来,导致各种不良情绪出现。

在2011年的电影《观音山》中,我们就看到了这样的一个人物,她叫常月琴,是一位退休在家的中年妇女,丈夫早亡,跟儿子相依为命。儿子要成家立业的时候,却因为一次意外车祸,白发人送黑发人。从此常月琴的精神支柱崩塌了,她开始靠出租房子维持生活,整日郁郁寡欢,脾气暴躁。她每天都在折磨自己,承受着悲痛,在儿子出事的破车中痛哭是她折磨自己的方式。

后来,她把房子租给了三个年轻人。因为相处得并不愉快,他们整日因为生活习惯不同而争吵不休。一次三个年轻人在没有征得常月琴的同意的情况下,就将常月琴儿子的那辆破车开出去兜风。这件

> 当你的心里一直在下雨的时候,如果做不到让心情雨过天晴,那就要学会泄洪,但也不要让洪水冲垮了自己心灵的大坝。

事戳到常月琴的伤心处,她立刻变得像刺猬一样,不准任何人靠近,将自己牢牢包裹。后来儿子的女友来探望她,更是让她的心情糟糕到了极点,终于因为忍受不了丧子之痛而割脉自杀,所幸被三个年轻人及时发现,救了过来。"死"后"重生"的常月琴似乎在心理上发生了巨大的转变,她和三个年轻人逐渐靠近:她开始和他们一起吃饭,开始像母亲一样关心他们。她让人重新给那辆破旧的轿车喷漆,补好破碎的挡风玻璃,和年轻人一起开车来到已成废墟的城区和观音庙,和他们一起在迪厅喝啤酒、跳舞。当所有人都以为她已经从过去的阴霾中走出来的时候,她选择跳崖自杀,了结了自己的生命。她说,人不应该永远孤独。

常月琴的结局让人们唏嘘不已,归根结底是因为她没有找到一个宣泄

自己悲伤的途径，所有看似正常的宣泄不过是她的伪装，她一直在悲伤的泥沼里挣扎，最终承受不住，用死来解脱。

由此可见，一个人一旦有了悲伤情绪，就要学会给它们找一个出口，让这些不良情绪能够宣泄出来。如果将它们压在心里太久，只会对自己越来越危险。对我们的身心来说，这就如同一只不知道什么时候会扑过来的凶猛的狮子。

当然释放悲伤情绪也要讲究方法，我们不妨从以下几个方面入手：

第一，多跟亲近的人交流。

陷入悲伤情绪中的人往往是最为脆弱的，当你被悲伤袭击的时候，要主动去跟亲近的人倾诉，这样你不仅可以得到关心与抚慰，还能让心灵得到安宁。

第二，宣泄悲伤，但不要让自己陷入绝望中。

悲伤时大哭一场或者咆哮一番，可以有效地将悲苦宣泄出来。但是无节制地任由悲伤情绪发泄也不是一件好事。因为任由自己发泄，很容易被这种行为牵引，会跟初衷背道而驰。因此，要懂得控制情绪，在宣泄悲伤情绪时多去考虑阳光的一面，不要让自己在悲伤的情绪中沉沦。

微笑面对痛苦，坦然面对不幸

微笑的背后蕴藏着坚实的、无可比拟的力量，它体现了对生活巨大的热忱与信心，展现了高格调的真诚与豁达，以及直面人生的智慧与勇气。而且，正所谓"境由心生，境随心转"，我们内心的思想不仅能够改变外在的容貌，同样也能改变周遭的环境。

从某种意义上说，人并非仅仅活在物质世界里，而是更多地活在自己的精神世界中。一旦精神垮了，便无人能救。

有时候，一个人的精神力量足以击败许多厄运。因为对于生命而言，基本的存活或许只需一箪食、一钵水，但若要活得精彩，则必须具备宽广的心胸、百折不挠的意志，以及化解痛苦的智慧。

富兰克林说："懿行美德远胜于美貌。"这句话被一个鲜活的案例所证实。

在学校里，有一个长相一般的女孩，常常被学校的人讥笑，甚至还给她取了一个外号——丑八怪。

每当别人这样叫她时，她都气得要命，有时甚至气得大哭起来。

有一天当她又因为别人的取笑在那里痛哭时，一位慈祥的老教师经过，问明她难过的原因后，老教师告诉她变漂亮的秘方：

第一，脸上常常挂着笑容，碰到同学就亲切地打招呼。

第二，绝不自怨自艾，不再去管自己的长相如何。

第三，乐于帮助人，用一颗善良的心去服务别人。

老教师告诉她只要切实遵守这些秘诀，三个月后她一定会变成全校最美丽的姑娘。

于是这女孩听了老教师的话，全心全力地去实践这些秘诀。没有多久，她果然成为全校同学最欢迎、最有人缘、最乐于相处的人了！

微笑是一种心灵魔力的外在表现，这种魔力不仅能够给日渐枯萎的生命注入新的甘露，也会使你的人生开出幸福的花朵。

学会把苦难转化为生活中的意义

"绝望＝苦难－意义"，这是美国著名作家康利提出来的一个情绪公式。其实从这个公式中，我们很容易领悟作者要表达的意思。苦难是谁都无法避免的，但是苦难并不会导致绝望。绝望是一潭死水，是哪怕在沙漠中遇见绿洲也以为是海市蜃楼的不相信。一旦陷入绝望，苦难也就失去了意义。从另一个角度来说，人们之所以陷入绝望，正是因为人们没有认识到苦难的意义或者干脆放弃了苦难的意义。

维克托·弗兰克尔是奥地利一名年轻有为的心理学家。1942年9月24日，因为战争，他被迫与妻子、父母分开，他们分别被关进了不同的纳粹集中营。在之后的三年时光里，他一直过着地狱般的生活，被纳粹剥夺了一切自由。更加不幸的是，他的家人相继去世。

弗兰克尔之所以能够熬过那段岁月，靠的是自己的信念。不管环境多么恶劣，他都注意运用正确的情绪工具，让自己找到活着的意义。因为在集中营的这段时间里，弗兰克尔早已观察到，那些去世的人并不一定是入营时病最重或体质最弱的，而是那些整天关注苦难本身的人。他们眼里盯着的是各种各样的苦难，这让他们感到绝望。

弗兰克尔认为："对未来失去信念的囚犯注定会死。"弗兰克尔身边的一个囚友，他曾经看似积极地面对苦难，梦想着在1944年3月30日会被解放。但是到了那一天，并没有这样的消息，结果第二天，这个人就去世了，因为他生存的意志破灭了。集中营的环境固然是导致人们死亡的一个因素，但是其内心的情绪变化才是决定他们生死的关键。

弗兰克尔认为一个人活着"主要是为了实现意义，而不仅仅是对欲望和本能的满足"。对于被关押在集中营的人来说，如果能将苦难当成一种改变人生的催化剂，或许会有不同的结局。

被释放之后，弗兰克尔用余生来帮助人们理解，即使是在最痛苦的时期，探寻生命的意义也能驱散绝望。

大部分人都不可能有被囚禁的经历，但是这并不妨碍我们去感知那种痛苦。积极心理学家认为，创造意义是人类的基本需求：我们努力让自己在世界上的存在有意义，来应对日益复杂的世界。没有意义的世界充满绝望，等于苦难的世界。

乔纳森·海德特在他所著的《象与骑象人：幸福的假设》中提出，成长的关键"不是乐观本身，而是创建意义"。我们每个人都有一定的心理创伤，绝望是人类与生俱来的情绪。当我们找不到苦难的意义的时候，通常会寻找刺激或者分散注意力，其实这并不利于我们对抗苦难。你只有找到了意义，才找到了方向。我们不会为落叶掉眼泪，是因为我们知道春天迟早会到来；我们不因为黑暗而惶恐，是因为我们知道黎明终将会到来。正如尼采所说，拯救我们自己的是我们如何把痛苦或苦难转化为我们生活中的意义。

★测一测：你把悲伤藏在哪儿了？

1. 你是一个发起脾气来就不会顾及其他情况的人吗？

①是的。→第3题

②不是。→第2题

2. 下班或者放学了，你一般不会逗留而尽快回家吗？

①是的。→第3题

②不是。→第4题

3. 你对他人的中性打扮感觉很不舒服吗？

①是的。→第5题

②不是。→第4题

4. 如果你是一家公司的老板，当你看到员工在偷懒的时候，你会怎么做？

①走过去严厉斥责一顿。→第6题

②不动声色，之后开除。→第5题

③认为可以原谅，所以不会去说什么。→第7题

5. 你是一个不容别人怀疑的人吗？

①是的。→第6题

②不是。→第7题

6. 当你走到古老的城墙旁的时候，你会联想到很多东西吗？

①是的。→第8题

②不是。→第9题

7. 如果你想在游乐场里建造一个可以休闲的场所,你会选择建造什么呢?

①海洋世界。→第10题

②歌剧院。→第9题

③博物馆。→第11题

8. 你会买下你喜爱的偶像所代言的产品吗?

①是的。→第11题

②不是。→第10题

9. 在空闲的时候,你会出于懒惰宅在家里吗?

①是的。→第12题

②不是。→第11题

10. 如果你在看电影时发现有人在电影院里打电话,你会怎么做?

①会劝说对方到外面去打。→第13题

②忍气吞声。→第12题

11. 如果你要出演一部话剧,你会选择什么角色呢?

①主角。→第15题

②配角。→第14题

③跑龙套。→第13题

12. 你会为了逞一时之快而买下超出自己承受能力范围的东西吗?

①是的。→第15题

②不是。→第14题

13. 你会对恋人的行为疑神疑鬼吗?

①是的。→第16题

②不是。→第15题

14. 你与一些老朋友并不常联系,你们的感情依然很好吗?

①是的。→第17题

②不是。→第16题

15. 假如你碰到了一个无知却很自大的人，你会怎么做？

①不理他。→ 第18题

②笑话他。→ 第17题

③揭穿他。→ 第19题

16. 如果发现你的恋人出轨了，你会原谅他吗？

①会的。→ 第18题

②不会。→ 第19题

17. 当你参加舞会时却面临着没人邀舞的尴尬，这时候你会怎么办？

①一个人玩手机。→ 第20题

②坐在角落里默默等待。→ 第19题

③在舞会上找东西吃。→ 第18题

18. 你觉得自己是一个绝情的人吗？

①是的。→ 第20题

②不是。→ 第19题

19. 你相信前世姻缘的说法吗？

①是的。→ A

②不是。→ B

20. 晚上，你打开窗户仰望天空，你认为自己看到的是什么呢？

①阴云密布的天空。→ D

②皎洁明亮的月亮。→ C

③满天闪烁的繁星。→ E

答案分析：

A. 你的悲伤被你藏在了心里。

你是一个内心世界十分丰富的人，有着细腻的感知能力及丰富的想象力。有时候你会莫名地伤感起来，也许是因为乡愁，也许是因为苦恋。你的悲伤比别人来得更加绵长、平淡，不至于大悲大痛，却总是会让你胡思乱想。

B. 你把自己的悲伤伪装起来了。

你是一个自立自强的人，喜欢自己承担一些事情，比起团队合作，你更相信自己的力量。在面对悲伤的时候，虽然内心已经乱成一团麻，但是因为太过要强，会极力伪装起来。为了维护自己的形象，你会选择默默忍受，独自一人舔伤口，独自一人背负起所有哀伤。

C. 你的悲伤被你藏在笑容后面。

你是一个天性乐观的人，快乐的笑容是你最迷人的招牌，不过同时你也是一个极端的人。在人前你是一个很乐观开朗的人，但是人后你是一个很容易伤感的人，脆弱而缺少安全感。当遇到让你难过的事情的时候，你也想过要找人谈一谈，但是越熟悉的人，你越不好意思张口，因为你不想让对方知道你的心事，同时你也不希望对方为自己担心。

D. 你的悲伤被你藏在泪水里。

你有着丰富的经历，这些经历让你的心已经积满了厚厚的灰尘，很少有事情会让你悲痛，除了你心里最柔软的地方外。你把自己伪装成了一只刺猬，以此来保护自己。悲伤和失望也许会给你带来泪水，但是你会很快擦干眼泪，神采奕奕地出现在世人的面前。

E. 你的悲伤被你藏在眼睛里。

你是一个十分坦率的人，有什么情绪与想法都会表露出来，你的眼睛会透露出所有的悲伤与喜悦。当你觉得难过的时候，你会为了维护自己的形象而极度忍耐。你一直在成长，慢慢学会控制自己的情绪，但是心灵会随之慢慢变得麻木起来，也许，这就是所谓的"成长的代价"。

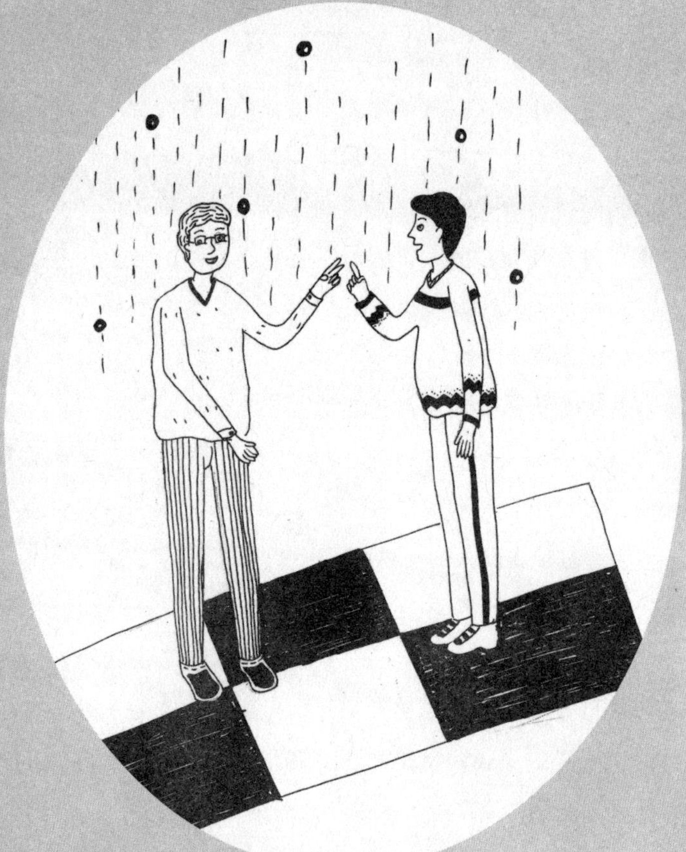

第10章

驾驭好情绪，让情爱生如夏花

婚姻是一个人一生当中花费时间最多，投入感情最多的地方。不要把坏情绪带到情爱中或家里，要把好情绪关，让情爱如同夏花般绚烂。

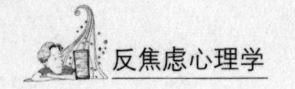

把脾气调成静音模式，不动声色地过好生活

恋爱与婚姻是两个人的舞蹈，是互相磨合、激励的过程。在这个过程中，任何一方在自我情绪调节方面出现了问题，都可能对恋爱或者婚姻造成影响，有时甚至会造成致命伤。

周萍是远近有名的好脾气，几乎没跟老公红过脸。其实周萍自己知道，自己不是没有脾气，只是慢慢学会了控制脾气。周萍每次想起曾经两次发脾气的经历就心有余悸。

周萍第一次发火，是在跟老公度蜜月的时候。刚到旅行地，她就在一家酒店与另外一个女人发生了争执。当时她正在跟老公用餐，邻座的孩子不停地吵闹，影响她和丈夫用餐。忍无可忍之下，她劝说对方要注意管教孩子，没想到对方不但没有表达歉意还与周萍争执起来。心疼她的老公自然不会袖手旁观。

就在双方争得不可开交的时候，对方的丈夫过来了，也加入了战局。双方越吵越激烈，后来对方还叫来了几个年轻壮汉，拉着周萍的老公就往门外走。到了外面，周萍的老公就被几个男的围着揍了一顿。

事后，老公被带到医院住了三天。周萍在医院里看着伤痕累累的老公，老公每疼得叫一声，她的心就抽一下。

其实，客人的无礼完全可以请服务员来协调解决，自己也可以换位子来避免冲突，何必一定要跟对方发火呢？周萍的怒火激起了老公的好胜心，老公为了她必然会站出来，如此一来只会激化矛盾。

在经过这件事之后，只要老公在场，周萍就会控制自己的情绪，因为她知道这既是保护自己，也是保护别人。

第二次发火，发生在她跟老公之间，原因已经记不清了，只记得双方因为一些事情在半夜吵了起来。当时她忍不住对老公说了一些狠话，结果激怒了对方，他甩门开车而去。

结果一个小时之后，她就接到老公电话，说自己在医院里包扎伤口。原来老公心烦气躁之下开车的时候分了神，把油门当成了刹车，为了避让一只狗，撞上了路边的一棵树，还好人并没有什么大碍，只是冲力太大磕伤了脑门。

周萍苦笑。脾气是男女之间最锋利的刀片，刀刀见血，心和身体一起疼。

在婚姻中，注意调节情绪至关重要，我们不妨从以下几个方面入手，让自己的感情之路走得更加顺畅：

1. 抑制冲动

当你的另一半做了一件让你失望的事情时，先不要冲动地去批判对方。不如先缓一缓，理清来龙去脉，避免冲动行事。

2. 将问题存档保留，转移注意力

如果你与另一半确实存在某些方面的问题，但是这个问题又无法一下子得到解决，或者说解决这个问题的代价太大了，不妨先将这个问题存档保留，暂时不去理会，也许过段时间就能找到解决问题的方法了。心理专家认为，现代社会离婚率之所以这么高，有很大一部分原因是现代人不善于搁置婚姻中的问题。

3. 学会表达和疏导负面情绪

婚姻中的负面情绪往往不是一朝一夕形成的，而是慢慢积累而成的，影响着人们的心理平衡与健康。两人待在一起的时间长了，不管多么亲密无间，都会产生相看两厌的情况，从而导致负面情况产生。如果没能及时察觉并调节这些负面情绪，这些负面情绪就会以攻击性的语言表现出来。而这种攻击性的语言又常常是以讲道理的方式出现的。表达内心的感受有三个方面的作用：一是充分觉察自己的内心；二是宣泄负面情绪；三是让对方了解自己并体谅自己。这样就避免了负面情绪下的矛盾和冲突。如果负面情绪积累到一定程度，又不知道如何通过语言来宣泄，不如通过一些

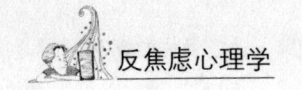

娱乐爱好（例如体育活动、文娱活动）来辅助宣泄。

4. 学会管理自己的非语言沟通

一旦产生矛盾，就可能产生争吵，而当争吵进行到一定程度的时候，人们往往就会失控，甚至使用不当的肢体语言。即便有些语言并不具有伤害性，但是容易被对方解读为一种攻击。因此，我们应当尽力避免使用不好的肢体语言。不过，也不是全部肢体语言都会让人觉得无理，有些时候我们可以运用肢体语言来增强效果。例如，在表达对配偶的关心时，用手抚摸配偶的脸颊；在表达对恋人的在乎或紧张时，不停地来回走动等。

焦虑型依恋是扭曲的爱情观

在爱情的广阔天地里，每个人的心灵都是一幅细腻而复杂的画卷，其中，焦虑型依恋如同一抹不易察觉却深刻影响色彩的阴影，悄然间塑造着个体对于爱情的独特理解与体验。这种依恋模式，往往让人在爱情的旅途中频繁感受到安全感的缺失、过度的疑心以及情绪的不稳定，仿佛行走在一片既渴望光明又畏惧风雨的迷雾之中。接下来将深入探讨焦虑型依恋的爱情观，分析其成因、表现，并探索走出迷雾、重建健康爱情观的可能路径。

1. 焦虑型依恋的根源探析

焦虑型依恋作为成人依恋理论中的一个重要类型，其根源可追溯至个体早期的成长经历，尤其是与主要抚养者（如父母）之间的互动模式。当儿童在成长过程中，未能获得稳定、持续且积极的情感回应时，他们可能会发展出一种对亲密关系既渴望又恐惧的心理状态。这种心理状态在成年后，便表现为焦虑型依恋，即在恋爱关系中过度寻求确认、害怕被抛弃、对伴侣的行为过度解读，以及对可能的分离或背叛持有高度的警觉性。

2. 焦虑型依恋在爱情中的表现

（1）患得患失：焦虑型依恋者在爱情中常常感到不安，害怕失去伴侣的爱与关注。他们会频繁地询问伴侣的感受，需要不断得到肯定和安慰，即使是最微小的变化也可能引发强烈的担忧。

（2）缺乏安全感：内心深处的不安全感如同无底洞，无论伴侣如何努力，都难以满足其对于稳定关系的渴望。这种不安全感可能源于对自我价值的不确定，或是过往经历中的负面情感记忆。

（3）疑心重：由于过度担心伴侣的忠诚度和关系的稳定性，焦虑型依恋者容易陷入无端的猜疑之中。他们可能对伴侣的日常行为过度解读，甚至在没有确凿证据的情况下，就怀疑伴侣的不忠或背叛。

（4）情绪不稳定：由于内心情感的剧烈波动，焦虑型依恋者在恋爱中常表现出情绪化的特点。他们可能因一点小事而大喜大悲，情绪波动较大，会给伴侣带来不小的压力。

3. 走出焦虑型依恋的迷雾

（1）自我认知与接纳：焦虑型依恋者需要正视自己的情感模式和依恋风格，认识到这是长期形成的心理习惯，而非个人缺陷。同时，通过心理咨询、阅读相关书籍或参加工作坊等方式，深入了解自己的内心世界，学会接纳自己的不完美。

> 美国心理学家丹尼尔·戈尔曼曾说道："情绪智力在人际关系中扮演着至关重要的角色，对于焦虑型依恋者来说，学会有效管理自己的情绪需求尤为重要。"

（2）建立健康的沟通方式：学会以成熟、坦诚的态度与伴侣沟通自己的感受和需求。同时，也要倾听伴侣的声音，理解并尊重对方的感受。通过有效沟通，增强彼此之间的信任和理解，减少误解和猜疑。

（3）培养自我价值感：焦虑型依恋者往往将自我价值建立在伴侣的认可之上，这是不健康的。通过发展个人兴趣爱好、提升职业技能、参与社交活动等方式，不断增强自信心和独立性，逐渐减少对伴侣的过度依赖。

（4）学会设定边界：在恋爱关系中，明确并坚守自己的边界至关重要。这包括情感边界、身体边界和社交边界等。学会拒绝不合理的要求,保护自己的情感空间,避免被伴侣的行为过度影响自己的情绪。

(5)寻求专业帮助:如果焦虑型依恋严重影响了日常生活和恋爱关系,不妨考虑寻求专业心理咨询师的帮助。专业的心理咨询师能够提供针对性的指导和支持,帮助个体逐步走出焦虑型依恋的阴影,重建健康的爱情观和人际关系。

总之,焦虑型依恋的爱情观,如同一场心灵的试炼,让人在爱与痛的交织中不断成长。然而,正如每朵乌云都有银边一样,通过自我认知、沟通、成长与寻求帮助,我们完全有能力打破焦虑的枷锁,拥抱更加健康、更加稳定的爱情关系。并且当我们理解了焦虑背后的根源,便能以更温柔的目光看待这份脆弱,同时也为自己铺设一条通往内心平静的道路。

巧妙化解恋爱纠纷

恋爱,这一人生旅途中的美妙篇章,往往伴随着甜蜜与挑战。对恋爱中的双方来说,当然都希望恋爱能够甜蜜,能够最终走进婚姻的殿堂。事实上并不如此,有许多不太幸运的人在和恋人经过一段时间相处之后,一方或双方感到不适应,感到不满意,从而出现恋爱挫折。有的恋爱挫折经过双方共同努力调节,重新修复,反而爱得更真、爱得更深了。可是有的恋爱双方不能和好,反而产生出不少矛盾与纠纷,甚至激化到相互伤害的地步。这不仅给对方带来了伤害,也给自己造成了遗憾。

那么,产生了恋爱纠纷应该怎么办才妥当呢?

1. 不可意气用事而做出过火行为

某大专毕业生小王和一公司女职员小张相恋,最初两情相悦,关系亲密,半年后两人定了亲。定亲时王某花了不少钱。定亲后,两人的关系比以前要深了。可是没多久,两人的关系便出现了裂痕。小王原是一名正式教师，由于不愿意从事辛苦而又不挣钱的教学工作，便托人从乡下调到了市里，等待有机会再往行政单位调。很长时间过去了，小王调动工作的事一直难以进展，他现在的单位效益不好，每月工资又低，小王为此苦恼万分。小张当初和小王谈恋爱时，认为小王调动工作的事没有问题，现在看到小王调动工作的事希望不大，心里便有了想法，她害怕跟了小王以后将来生活没有保障，便想与小王断绝关系。最初她只是催促小王尽快调动工作，后来干脆对小王说，如果他调动的事再办不成，她是不会嫁给他的。小王工作调动不顺利已经够闹心了，又听到未婚妻说这样的话，两人当场就吵了起来，小张也就借此机会提出分手。小王知道不可能马上调进一个好单位，也满足不了小张的虚荣心，于是，同意了分手。但是，小张却赖着不退还订亲时小王花的一大笔钱。小王所挣工资不多，对订亲时花的那些钱也比较在乎，他多次向小张追要，小张就是不给，气急交加的小王一怒之下找来亲朋好友到小张家大打出手，把小张打成重伤，而且还毁坏了她家不少家具。小王因此被劳教了两年。

　　本来只是恋爱纠纷，却发展成了悲剧，多叫人遗憾呀！小王与小张的例子给我们上了生动的一课，恋爱中产生纠纷的男女青年应当以此为戒，在处理纠纷时，千万要冷静，不可意气用事，避免过火行为。

　　2. 处理恋爱纠纷，应以双方当事人协商处理为主

　　因为当事双方最熟悉纠纷的原委，只要双方冷静理智，多考虑对方的难处，没有什么事是不能解决的。同时，处理恋爱纠纷时要有诚意。

　　不管恋爱结局如何，都要有解决问题的诚意。切不可因为恋爱不成，便记恨在心，专挑对方的毛病，专门给对方寻找麻烦、制造痛苦，才解心头之恨，才会使自己感到舒服一点。其实这种打击报复的做法是相当狭隘的。一方面表明你的涵养和素质低下，显示了你心胸的狭窄；另一方面给对方造成痛苦，你自己也不一定会得到真正的快乐。相反，如果做过了头，你自己反而会受到道义，甚至法律的处罚。

　　3. 处理恋爱纠纷时应抱着严于律己、宽以待人的态度

　　当出现恋爱纠纷时，一般人常有的心态是将责任推向对方。这时昔日

对方身上笼罩的光环消失了，取而代之的是心中的阴影。将对方的长处埋葬了，只突出对方的短处，并越放越大，最后的结论是对方一无是处，产生恋爱纠纷的责任在他而不在自己。往往把自己当成无辜的受害者，满心委屈，一肚子愤懑。持这样的态度当然不能很好地解决问题，反而可能激化矛盾，使矛盾扩大、升级，最终不可收拾。真正要解决恋爱纠纷，应多作自我批评，防止加剧感情裂痕，造成难以收拾的后果。如果双方仍有爱意，旧情难舍，就应该多想想对方平时给自己的关心、爱护和情意，昔日的温情往往能弥补争吵产生的裂缝。

一旦双方情意已绝，涉及中断恋爱关系，则必须持慎重态度。在感情好的时候，要看到对方的短处；在发生感情裂痕时，要想到对方的长处。要珍惜已经建立的爱情，不要人为地制造或加大裂痕。在双方感情发生矛盾时，有过错的一方要主动承认错误，并用实际行动改正错误，以取得对方谅解。如果确无和好的可能，或者一方坚持中断恋爱关系，也要积极面对。

> 恋爱之路是美好的，但并非总会铺满玫瑰，有时也会布满荆棘。对于恋爱中发生的纠纷与挫折，需要以积极、理性的态度去面对它们，并努力寻找解决问题的方法，这样才能让恋爱之路变得更加平坦与更加美好。

另外，中断恋爱关系时，要妥善处理以下事项：

第一，把对方寄来的情书尽可能退还对方。一是可以防止见物伤情；二是可以去掉心病；三是以后寻找恋人时可以减少不必要的误解和麻烦。

第二，在恋爱中用于共同吃喝游乐的费用，不管谁花得多，谁花得少，以不结算为宜。一是也很难算清；二是清算过程中反而更容易激发矛盾。

第三，对于互赠的礼品，一般可以不索还。如果怕睹物伤感，也可主动归还。但贵重物品，提出中断关系的受赠方应主动退还对方为好，因为赠予珍贵礼品是以存在恋爱关系为前提的，一旦中断恋爱关系，其赠送的前提已不存在，不能让失恋一方在承受失恋的沉重打击之后，还要蒙受经济上的重大损失。

总之，在解决恋爱纠纷时，如果一方能为对方着想，以理智，冷静的态度处理，纠纷就会平息。我们应该寻求这样的效果：即使做不成恋人，做不成朋友，也尽量不要结成冤家对头。

攀比不过是一场自我贬低

攀比心理在婚姻中是一个潜在的危险因素，它往往源于对完美的不懈追求和对现状的不满。但遗憾的是，这种比较往往是不公平且有害的。每个人，包括我们的伴侣，都有自己的优点和缺点。将我们的伴侣与他人进行片面的比较，只会让我们忽视他们身上的闪光点，而过分关注那些可能并不重要的不足。

在婚姻中，我们应该学会用欣赏的眼光去看待对方。这并不意味着我们要忽视对方的问题或不足，而是要在接纳他们真实自我的基础上，去发现和珍惜他们的美好。当我们以这样的态度去对待伴侣时，我们会发现，原来他们身上有那么多值得我们骄傲和感激的地方。

婚姻中很多人都喜欢拿自己的爱人跟别人的爱人进行比较，他们永远能够在自己爱人身上找到一些不如别人的地方。如此一来，心里越比越不平衡，越比越后悔，自然越看对方就越不顺眼，必然容易发生争吵，婚姻自然也容易出现裂缝。

每个人都有攀比的心理，尤其是女人，总爱在老公面前说三道四。如果想要让婚姻幸福，切忌用别人的优点来跟爱人的缺点进行比较，应该用一种欣赏的眼光去看待朝夕相处的爱人。

"我听说隔壁老王又升职了？是真的吗？"妻子问丈夫。

"嗯。"丈夫有气无力地回答。

"那你怎么不跟我说呢？你们不是在同一家公司上班吗？"

"别人的事我不关心。再说，他升职，跟我有什么关系，你让我说什么？"丈夫的语气中透着一丝不满。

"怎么跟你没关系了？同一家公司上班，也差不多同一时间入职，你看看人家老王，都升了多少次职了，你看看你。"

"我怎么了？我哪里亏待你了？"丈夫十分生气地质问。

"人家老王总带媳妇出国旅游，你带我去过吗？"妻子不依不饶。

"你觉得老王那么好，那你找他去啊！"丈夫火了，走出了家门。妻子也生了一肚子气，不过她并不觉得自己的言语有什么不对。

没有人愿意被拿来比较，尤其是跟条件比自己好的人比较，让自己显得相形见绌。想一想，你在旁边大谈特谈别人的成功，你的另一半会怎么感觉？也许你只是将它看成一个无聊时的话题，但是对方心里却觉得十分别扭。

有些人总是不知足，永远能够在爱人身上找到一大堆不如别人的地方。仿佛天下所有的人都好，就自己身边的这位最差劲。不要当着老公的面说别人多么成功，也不要当着老婆的面说别人多么贤惠。越是打击对方，就越会让对方没自信，同时又觉得你在没事找事，可能会激起对方的愤怒情绪，从而演变成双方的争吵。对于大多数人来说，赞赏和鼓励要比刺激更能让对方接受，并产生奋斗的动力。

> 为了维护婚姻的幸福和稳定，我们应该摒弃攀比心理，学会欣赏和珍惜伴侣的独特之处。

不埋怨对方，不打击对方，让对方在你的鼓励下一点点变得优秀吧。聪明的人从来不会拿自己的另一半跟他人比较，如果真的不小心说到了别人，也会马上补充说："别看他能干，但是哪有你这么幽默体贴啊，还是你最好，亲爱的！"如此一来，必然可以深得对方欢心。说到底，攀比是一把刺向自己心灵深处的利剑，对人对己毫无益处，伤害的只是自己的快乐和幸福。

在婚姻里，不要忘记给对方点赞

在爱情之中，夫妻之间的积极交流，对彼此关系的维护有着重要的影响。一位心理学家曾经提出："美满的夫妻关系中，存在一个黄金比例，即积极的交流与消极的交流之比为5∶1。如果积极的交流多于这个比例，就算平常发生再多的争执，双方的关系也会朝着好的方向发展，而一旦低于这个比例，双方的感情则有可能渐渐地变得疏远。所以在交往的过程中，一定不要吝啬表达自己的爱意，因为这是维持亲密关系的灵丹妙药。"

人们在进入婚姻之后，恋情往往会降温，这时候如果想要让爱情保鲜，那么就需要去称赞对方，给对方点赞。我们要知道，每天的柴米油盐和鸡毛蒜皮的小事中藏着很多对方的优点，你要做一个善于发现对方优点的人，这会显著提高家庭的幸福度。

著名学者胡适先生是一个善于发现妻子优点、常常给妻子点赞的人。胡适是个拥有30多个荣誉博士头衔的大师，他的太太江冬秀却是个识字不多的人。这样两个差异很大的人组成了家庭，让很多人都觉得是个笑话，甚至常常编造一些事情来取笑胡适。但是胡适先生不仅不生气，也从来不挑剔，不仅不责备自己的太太，还安慰太太"勿恤人言"。由于丈夫的不断夸奖，太太开始学习文化知识，阅览古典小说，后来太太不仅能够将《红楼梦》中的丫鬟名字如数家珍地背出来，还学会了写信。

到了晚年，胡适困居孤岛，依然不忘幽默，常常变着花样地夸奖太太，有一次偶然在一块纪念币上看到了P.T.T的字样，便解释说是"怕太太"（首字拼音PTT）协会发行的，还编出一系列新"三从四得"，认为"三从"是太太外出要跟从，太太的话要听从，太太讲错要盲从；"四得"是太太化妆要等得，太太发怒要忍得，太太生日要记得，太太花钱要舍得。

一辈子，胡太太都被哄得乐陶陶、美滋滋的，也很认真地照顾着胡适。

不得不说，胡适很懂得夫妻间的相处学问，让妻子一直眉开眼笑，心情大好。如此一来，夫妻之间的矛盾自然就少了，幸福感自然会提高。在现实生活中，很多人却不明白这样的道理，总是在婚姻里拼命挑对方毛病，结果感情自然也越来越差，甚至因此而破裂。

刘阳特别喜欢叫朋友到家里吃饭，因为太太厨艺了得，总能给刘阳挣不少面子。有一次，刘阳又叫上好友到家里做客，妻子做了一大桌子菜，让刘阳的好友称赞不已。吃完饭，大家坐着聊天，刘阳的太太在厨房里收拾。好友为了表达谢意，走到厨房对刘阳的太太说："嫂子，你做的菜真好。"没想到太太大吃一惊，说："真的吗？都是普通的家常菜，刘阳从来没夸过我。"正说着，就听见刘阳在客厅里喊道："咱们家墙上怎么花了一大块？"原来，是太太看孩子的时候，一个不注意，孩子拿着彩笔涂了上去。在听到太太的解释之后，刘阳开始抱怨太太："整天什么都不做，在家待着，连个孩子都看不好！"太太很隐忍，什么也没说，继续回到厨房收拾。

看到这个场景，好友在心里告诉自己，不能像刘阳一样对待自己的妻子。看看刘洋家各种东西都摆放有序，且饭菜可口，显然这个女人付出了极大的爱心与精力。可是刘阳只把目光放在了脏了一块的墙上，没有留意到妻子失落的眼神。

多少夫妻在岁月中，走着走着就忘记了彼此的优点，变成了互相打击的对手，忘记了给对方点赞。

要知道，在婚姻的漫长旅途中，双方都会面临生活的琐碎、压力与挑战，这些外在因素有时会不经意间在夫妻之间筑起一道看不见的墙，让彼此的心逐渐疏远。因此，在婚姻里，不要忘记给对方点赞，这一简单而温暖的行为，实则蕴含着维护夫妻关系、增进情感深度的深远意义。为此，我们要用更加细腻、敏感的心去感受对方的需求与渴望,用更加积极、正面的态度去回应对方的付出与努力。让点赞成为我们婚姻生活中的一种常态与习惯,让它如同温暖的阳光一般照亮我们的心房,让我们的婚姻之路更加光明与美好。

★测一测:面对感情冲突,你是哪种人?

再恩爱的情侣或者夫妻也有发生冲突的时候。面对感情冲突时,你会变成哪种人?下面就来测试一下吧!

1. 在路上碰到一只瑟瑟发抖的流浪猫,你会怎么做?

   A. 懒得理,直接走过。

   B. 把小猫转移到安全的路边。

   C. 打电话问朋友要不要。

   D. 直接带回去养(如果家人不讨厌养猫)。

2. 你认为自由是什么?

   A. 想干什么就干什么。

   B. 大胆地去爱、去闯。

   C. 想不干什么就能不干什么。

   D. 没人唠叨。

3. 下面哪件事最容易激发你的快感?

   A. 自己突然功成名就,让小瞧自己的人有求于自己。

   B. 变身为万众敬仰的名人。

   C. 仇人遭到了报应。

   D. 暗恋的人狂追自己。

4. 碰到哪种老板,你一定会辞职?

   A. 动不动就要求加班的老板。

B. 脾气暴躁，且容易发脾气的老板。

C. 好色的老板。

D. 特别有魅力，但已有家室的老板。

5. 买了一件衣服，却不知道如何搭配，你会怎么做？

A. 买新裤子、新鞋去进行搭配。

B. 上网查询类似的搭配。

C. 翻看以前的衣服，看看有没有合适的搭配。

D. 咨询朋友的意见。

6. 他人对自己提意见，你的看法最接近以下哪种？

A. 有些抵触，毕竟希望自己的事情自己做主。

B. 听听就好，主意还是自己拿。

C. 有点在意，想起来就纠结不已。

D. 会很在意，怕不接纳会让对方不高兴。

7. 你认为自己说话的方式更接近以下哪种？

A. 语速较快，不爱说废话。

B. 语速一般，有条有理。

C. 语速较急，想要表达的东西有很多。

D. 语速较慢，有时候会模棱两可。

8. 对于你并不想回答的问题，你会怎么做？

A. 直接表明自己不想回答。

B. 不回答，并转移话题。

C. 面露不悦，闭口不答。

D. 含糊其词。

9. 到国外去旅行，你更想了解哪方面的文化？

A. 时尚。

B. 美食。

C. 风俗。

D. 传说或历史故事。

10. 心情不好的时候，你更愿意通过哪种方式来调整自己的心情？

　　A. 找朋友聚聚、狂欢。

　　B. 吃美食。

　　C. 逛街。

　　D. 看电影。

计分：这个测试的答案是由每道题选项的分数累加而得到的，计分方法：选A得4分，选B得3分，选C得2分，选D得1分。

答案分析：

A. 33~40分，打岔的人。

当冲突发生的时候，最好的沟通方式是耐心地听对方讲完，然后做出正确的回应或解释。你却总是没耐心听对方讲完，或许是想要掌握谈话的主动权，因此，在对方讲述的时候，你经常会打断对方讲话或者打岔，用一种极为不礼貌的方式夺回话语权。这样做很容易激怒对方，让矛盾升级。

B. 28~32分，理智的人。

虽然我们总说要理智地对待冲突才能更好地解决问题，但是在爱情面前，如果总是过于理智，任由对方去争去吵，自己从不加理会或者就事论事，其实并不能很好地解决冲突，反而可能会让对方的怒火烧得更加旺盛。因为在爱情面前，你的冷静代表着一种漠不关心，有时候对方只是想要得到你在情感上的一些安慰和支持，所以你不能表现得过于沉默。

C. 23~27分，爱指责的人。

你在指责对方的时候，也许你的心里并不是真的想要责怪对方，可能只是想让对方多重视你一些，可是有时候你越是想要让对方先低头哄你，越容易陷入尖酸刻薄之中。你越是想要他反省，因愧疚而纠正、弥补，越会让对方的怒火烧得更旺，反而不利于沟通与解决。

D. 18~22分，真实的人。

由于面对的是自己的心爱之人，当感情出现冲突的时候，当伤心的时候，在另一半面前哭并非懦弱的表现，因为你能真实地面对自己的脆弱，并且进行言行一致的表达。想要安慰就求安慰，想要对方哄就讲出来，这样反而可以避免很多误会，而你的意思对方也能准确接收，有利于他采取正确的行动。不过当你怒火中烧的时候，还是需要稍微控制一下自己的情绪，不要太过直接。

E. 10~17分，讨好的人。

与另一半有冲突时，你往往是最先妥协的人。由于重视对方，且重视这段感情，因此，你常常会忽略自己的感受。在感情中常常扮演委曲求全的角色。为了能够讨好对方，难免会陷入一种可怜兮兮的境地。虽然爱情不应该计较谁付出得多、谁付出得少，但是自爱者才能被人爱，你要坚守自己的底线与原则，别人才会珍惜你、尊重你。

第11章

为心灵排毒，
学会排解焦虑的心情

每个人都会焦虑，但一味焦虑而不去行动，人生只会原地踏步。人生宝贵，千万别把时间和精力花在焦虑上。

焦虑症的自我预防

一位年仅 20 岁的大学生自述道:"我想要成绩变得更好,想考取名牌大学的研究生,毕业后希望能找到一个薪资高、工作轻松的好职位,还打算在工作后的三年内买一所属于自己的房子。然而,现在的我却感到十分焦虑和迷茫。"

又有一位已经毕业并步入职场三年的朋友倾诉:"看着好多同学现在都已经结婚生子,我心里十分焦急。自己已经毕业四年了,却连一辆十几万的车都买不起,每天早晚还得挤地铁上下班,这样的日子到底何时是个头啊!"

这些焦虑的情绪如同枷锁,缠绕在心头,让人身心疲惫,倍感压力。对此,我们需要学会自我预防和疏导。

1. 保持良好心态

首先,要乐天知命,知足常乐。古人云:"事能知足心常惬。"我们要对自己所走过的道路有满足感,不要总是追悔过去,埋怨自己当初的选择。理智的人会回顾过去的经历,但更注重开拓未来的道路。其次,要保持心理稳定,避免大喜大悲。要学会心宽,凡事想得开,使自己的主观思想不断适应客观发展的现实。不要试图让客观事物符合自己的主观意愿,那是不可能的,而且极易引发焦虑、忧郁等消极情绪。最后,还要注意控制情绪,不要轻易发脾气。

2. 自我疏导

轻微焦虑的消除主要依赖个人。当出现焦虑时,要正视它,不要试图用其他理由来掩饰。要树立起消除焦虑的信心,充分调动主观能动性,运用注意力转移的原理,及时消除焦虑。当注意力转移到新事物上时,新的体验可能会取代焦虑心理。

3. 自我放松

活动下颚和四肢可以缓解压力。当面临压力时，人们往往会咬紧牙关，此时可以放松下颚，左右摆动以松弛肌肉。还可以做扩胸运动，以缓解因焦虑引起的肌肉紧绷和呼吸困难。此外，幻想一个优美恬静的环境，或者放声大喊，也是有效的放松方法。

4. 自我反省

有些神经性焦虑源于对某些情绪体验或欲望的压抑。这些被压抑的情绪并没有消失，而是潜伏在潜意识中，从而引发病症。因此，我们需要进行自我反省，把潜意识中引起痛苦的事情诉说出来。只有适当地发泄出来，才能缓解症状。

5. 自我催眠

焦虑症患者大多有睡眠障碍，难以入睡或容易惊醒。此时可以进行自我暗示催眠，如数数等，以促进入睡。

总之，现代社会竞争激烈，压力巨大，焦虑情绪频繁出现。但我们必须以健康的心态面对它，学会排解焦虑情绪。

学会缓解与松弛焦虑

明代思想家、文学家吕坤有言："精神爽奋则百废俱兴，肢体怠弛则百兴俱废。"在当下这个快节奏的生活中，如何摆脱和控制紧张情绪，对现代人来说至关重要。以下是一些实用的方法。

1. 掌握时间管理

要合理规划每日的工作、学习和生活，根据实际情况制订每日、每周，甚至每月的工作计划及目标。养成在限定时间内完成任务的好习惯，掌握时间的主动权。避免由于时间安排不当而导致的手忙脚乱和心理压力累积。记住，一步落后可能会步步落后，事情堆积如山只会增加心理负担。

2. 预留缓冲时间

在安排日常活动时，应预留一定的缓冲时间。例如，如果你通常需要一个半小时来完成从起床到上班的准备，那么不妨提前半小时起床，这样即使遇到意外情况，如堵车等，也能从容应对，减少心理压力。这种预留时间的习惯同样适用于其他活动，如访友、观看比赛或电影等。

3. 高效安排家务

家务事常常令人烦恼，尤其是在双职工家庭中。因此，应学会科学安排家务，运用"运筹学"的方法，如早晨起床后同时准备早餐和听广播，做饭时同时洗衣服或打扫卫生等。此外，还应在平时就统筹安排家务，以便在周末或节假日时真正享受休息的乐趣。

4. 正确评估自我

现代生活充满竞争，但每个人的能力都是有限的。因此，应实事求是地衡量和评估自己，避免过度努力而导致身心疲惫。在生活上，要学会知足常乐，量入为出，不盲目攀比或追求虚荣。坚持适合自己的标准，在合理收入范围内安排生活，这样才能感到心安理得、从容自在。

5. 积极面对挫折

人生难免遇到困难和挫折，关键在于如何面对。当遇到困难时，要保持勇气和自信心，相信自己的力量。从挫折中总结经验，战胜逆境，解脱难题。正如鲁迅先生所说："用笑脸来迎接悲惨的厄运，用百倍的勇气应对一切的不幸。"当遇到不愉快的事情时，要学会宣泄或转移情绪，如与亲友交谈、观看节目、散步或跳舞等，以消除痛苦、减轻心理压力。

6. 适时放松自己

无论工作学习多么繁忙，都要学会忙里偷闲，每天留出一定的休息和放松时间。可以散步、听音乐或进行适量的体育活动，以缓解紧张情绪、恢复精力。

总之，学会缓解与松弛焦虑是现代人必备的生活技能。通过掌握时间管理、预留缓冲时间、高效安排家务、正确评估自我、积极面对挫折以及适时放松自己等方法，我们可以更好地应对生活中的挑战和压力，保持身心健康、积极向上的生活态度。

食物可以缓解焦虑

经常焦虑的人很难释放心情，但这种情绪又必须缓解。此时，适当的饮食就显得非常重要。一般对有消化道症状的患者来说，应该合理安排生活，防止暴饮暴食或进食无规律，以免增加胃肠道负担，加重症状。对有心脏病症状的患者来说，则应远离有刺激性的烟酒、浓茶、咖啡、辛辣食物等，因为它们能引起交感神经兴奋、心跳加速、心脏早搏等，使已有的症状更为突出。建议以清淡、易消化的食物为主，进食后不要马上休息。对于腹胀、便秘者，也可以服用助消化和通便的药物。

1. 饮食宜忌

饮食相当重要，避免可乐、油炸食物、垃圾食物、糖、白面粉制品、洋芋片等易刺激身体的食品。饮食需50%～75%的生菜。

酒精、药物可能提供暂时的解脱，但隔天紧张又会来袭，而且这些物质本身也在残害健康。因此，应该学习如何调适，而不是光靠逃避。在身心面临紧张及焦虑的迫害时，很重要的一点是饮食适宜。除了避开咖啡因及酒精外，还需远离上述的糖、白面粉制品、腌肉、辛辣刺激的调味料等。勿吃垃圾食物。正确的饮食会强健身体，使免疫系统及神经系统保持在最佳状态。

2. 保健药膳

（1）玫瑰花烤羊心。鲜玫瑰花50克（或干品5克），羊心50克，精盐适量。将鲜玫瑰花放入小铝锅中，加精盐、水煎煮10分钟，待冷备用。将羊心洗净，切成块状，穿在烤签上边烤边蘸玫瑰花盐水，反复在明火上炙烤，烤熟即成。可边烤边食。功效：补心安神。适用于心血亏虚所致的惊悸失眠及郁闷不乐等症。

（2）枣麦粥。枣仁30克，小麦30克~60克，粳米100克，大枣6枚。将枣仁、小麦、大枣洗净，加水煮沸，取汁去渣，加入粳米同煮成粥。每日2~3次，温热食。功效：养心安神。适用于妇女烦躁、神志不宁、精神恍惚、多呵欠、易悲伤、易哭，以及心悸、失眠、自汗等。

需要注意的是，食疗虽然可以帮助降低焦虑，但并不能完全替代专业治疗。如果症状严重或持续时间较长，建议及时就医，寻求专业医生的帮助。同时，保持良好的生活习惯和心态也是缓解焦虑的重要措施。

找回自信，克服焦虑

焦虑情绪，这一现代社会的普遍现象，往往源于内心的失衡与外界压力的交织。深入剖析其根源，我们发现，很多时候，焦虑的产生是因为我们过于在意他人的看法，试图将自己的言行举止、生活方式，乃至穿着打扮都纳入"标准模板"，以期获得他人的认可与赞许。然而，这种"随大流"的心态，不仅让我们失去了自我，更容易引发我们无尽的焦虑与不安。

在这个多元化的社会中，每个人都是独一无二的个体，拥有各自独特的生命轨迹和"自我意象"。大象、小兔、犀牛和长颈鹿，它们各自在自然界中扮演着不同的角色，展现着各自的独特魅力，无需相互比较，更无需为了迎合他人而改变自己。同样，作为人类，我们也应该珍视自己的独特性，学会以平和的心态接纳自己的不完美，同时重视并珍惜自己的独特价值。

要摆脱由社会压力引发的焦虑，关键在于调整心态，转变生活态度。我们应该摒弃"看着别人活，活给别人看"的心态，转而向内探索，明确自己的生活目标和价值所在。时常自省，思考自己的生活目标、身份认同，以及是否每天都在向着目标迈进。通过这样的思考，我们能够更加清晰地认识自己，找回内心的平静与力量。

在社会交往中，保持真诚、坦然和自信的态度至关重要。真诚地表达自己，展现个人魅力，不仅能够赢得他人的尊重与喜爱，更能激发内心的自信与满足。记住，成功并非外界赋予的荣誉与认可，更重要的是内心的充实与成长。当我们能够勇敢地面对自己的不足，坦诚地展现自己的真实面貌时，焦虑的情绪自然会逐渐消散。

活出自我，追求内心的快乐与自由，是克服焦虑的关键。我们应该学会用积极的心态去面对生活中的每一个挑战，将焦虑转化为前进的动力。心平气和、乐观勇敢、自信满满地迎接每一天的到来，你会发现，自信的光芒正在悄然照亮你的前行之路。

在这个过程中，我们还需要学会自我调节和放松。可以通过运动、冥想、阅读等方式来缓解压力，调整情绪。同时，也要学会与他人建立良好的沟通和关系，寻求支持和帮助。在遇到困难时，不要害怕寻求专业心理咨询师的帮助，他们可以提供专业的指导和建议，帮助我们更好地应对焦虑情绪。

总之，找回自信、克服焦虑是一个需要不断努力和坚持的过程。只有当我们真正认识并珍视自己的独特性时，才能摆脱外界的压力和束缚，活出真正的自我。让我们以积极的心态面对生活，勇敢地迎接每一个挑战吧。

四步法控制焦虑

下面介绍一种简单而有效的四步方法，用于控制焦虑的发作。

步骤一：立即叫停

当你感受到身体出现不适的症状（如心跳加速、头晕目眩），并伴随有不安的预感时，立即对自己说"停止"。如果你有过焦虑症的发作经历，可以在手腕上佩戴一个橡皮圈，每当你说出"停止"时，轻轻拉一下橡皮圈弹击自己的手腕，以此作为提醒和强化的信号。

步骤二：追溯原因

接下来，尝试找出引发这些不适感觉的具体原因。理解并接受身体的正常生理反应是关键。例如，长时间坐着后突然站起导致的头晕，是完全可以理解的生理现象，而非不祥之兆。通过自我询问："我做了什么可能导致这种感觉？"（如"我一直坐着又突然站起，所以会头晕"）、"今天的天气情况如何？"（如"天气预报说气压很低，这可能让我感觉胸闷"）、"我昨晚的睡眠质量如何？"（如"整晚没睡好，所以现在感觉很疲劳"）来找到合理的解释，这有助于平息你的焦虑情绪。

步骤三：转移注意力

将注意力从当前的焦虑情绪中抽离出来，转移到其他与当前感受无关的事物上。利用你的感官去感知周围的环境，比如当你走在广场上时，可以注意观察周围的建筑物、人群或是自然景观；在参加集会时，将注意力集中在发言人或活动的细节上。这种方法能有效阻止你陷入灾难性的联想之中。

步骤四：控制呼吸

焦虑症发作时，患者往往会出现呼吸急促的情况，这会导致体内二氧化碳含量减少，进而加剧身体的不适感，如头晕和四肢刺痛等。对于未经过呼吸训练的患者，一个简单的应急方法是使用纸袋呼吸法：将一个没有漏洞的纸袋（注意，不是塑料袋以避免窒息风险）套在口鼻上，进行深呼吸10次，以重新平衡体内的二氧化碳水平。

此外，推荐平时练习"控制呼吸法"，包括腹式呼吸和慢呼吸技巧。腹式呼吸时，保持坐姿端正，双手放在肚脐上，通过鼻子深深吸气，感受腹部扩张，然后慢慢呼气，让腹部回落。慢呼吸则是将吸气和呼气的时间都控制在4秒左右，通过有意识的呼吸控制来降低焦虑水平。这种方法需要坚持日常练习，直到能够自然而然地运用，以在焦虑发作时迅速恢复平静。

★测一测：摆脱完美主义的策略和实用方法

常常想超越自己，从而变得更好，这是很好的想法。我们都应该努力将事情尽可能做到最好。不过，完美是无法企及的目标。这种要求给完美主义者带来了持续的不满足。思考一下，是哪些行为阻碍了我们自由徜徉、激情生活的？

其实自信通常都是从人们的日常生活中获取的，具体可以通过以下几种方式来获取：

1. 先从装扮自己开始

俗话说，人靠衣裳马靠鞍。一个人懂得装扮自己，往往可以增加其自信心。当我们充满自信地装扮自己的时候，不仅可以让别人赏心悦目，还能让自己获取自信。你可以试一个星期，你希望成为什么样的人，就按照什么人的样子来打扮；你想成为什么样的人，就按照什么样的人的标准来穿戴。这是一种简单有效的增强自信的方法。

2. 不求全责备

怀着平常心去做事，万万不可凡事都过于理想化，要允许自己成为一个偶尔会犯错的人。常常陷入自卑情绪中的人往往在生活、工作方面给自己定下过于高远的目标，对自己的要求太高。适当地降低一下对自己的标准，不要求全责备，这是非常重要的。

3. 多看一看外界

当一个人陷入自卑情绪之中时，往往将注意力过多地放在自己身上。一旦注意力放在自己身上，就很容易去研究每一个细节，陷入一种自我否定之中，担心出问题。可是越是担心出问题，就越容易出问题。就像是体育比赛，如果总是想着做不好会辜负他人的期待，那么就越容易造成精神紧张，也就越容易出错。

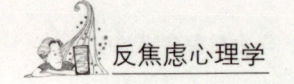

4. 不要为了增强自己的自信心而贬低他人

有一种说法是，自卑的人往往也是自傲的人，自卑到了极点，人就开始变得自傲起来。有些人因为太过自卑，总是用贬低他人的方式来提升自己的自信心。其实这样的提升方法是有百害而无一利的，不仅无法从根本上提升自信心，还会影响我们的人际关系。

5. 讲究付出

在电影《被人嫌弃的松子的一生》中有这样一句话："人的价值不在于他得到什么，而在于他可以给予别人什么。"人们总是期望从别人那里得到一些东西，而自己又不付出的时候，其实内心也是不安的。当你付出的时候，你的自信心也会随之升高。有一句老话说得好，有付出才有收获。记住这句话，要想在生活中得到点什么，先要付出些什么。

6. 学会宽恕

有些人总是对自己的错误念念不忘，如此一来只会消减自己的自信心。正确的做法是承认自己的过错或者过失，然后全部忘掉。同样，如果生活中有什么人需要你宽恕，那就宽恕他吧。宽恕他人可不是为了他人，恰恰相反，是为了你自己。

7. 进行心理暗示

可以经常告诉自己"我很有自信"，时间一长，就有利于增强你的自信心了。要知道，潜意识虽然简单，却很能发挥作用。当你这样暗示自己的时候，潜意识会立即开始工作，以一种颇为自信的方式向你报告。

8. 树立楷模

增强自信心还有一个办法，那就是找一个超级自信的人当作自己的楷模。如果你经常跟一个自信满满的人在一起，那么就容易提升自信心。如果交不到这样的朋友，也可以找一个全身充满自信的明星作为自己学习的目标，观察他们的行为，试着按照他们的处事方法来做事，时间一长，你也会成为充满自信的人。

9. 学会感谢

学着感谢自己拥有强于他人的地方，不要总盯着自己的弱项而自卑，每个人都有闪光点，感谢你身上的那些闪光点，你的自信心就会增强很多。